TURING
图灵程序设计丛书

计算机是怎样跑起来的

[日] 矢泽久雄 / 著　日经Software / 审校　胡屹 / 译

How Computers Work

人民邮电出版社
北　京

图书在版编目(CIP)数据

计算机是怎样跑起来的 /(日)矢泽久雄著;胡屹译. -- 北京:人民邮电出版社,2015.5(2023.11重印)
(图灵程序设计丛书)
ISBN 978-7-115-39227-5

Ⅰ.①计… Ⅱ.①矢… ②胡… Ⅲ.①电子计算机—基本知识 Ⅳ.①TP3

中国版本图书馆CIP数据核字(2015)第088548号

内容提要

本书倡导在计算机迅速发展、技术不断革新的今天,回归到计算机的基础知识上。通过探究计算机的本质,提升工程师对计算机的兴趣,在面对复杂的最新技术时,能够迅速掌握其要点并灵活运用。本书以图配文,以计算机的三大原则为开端,相继介绍了计算机的结构、手工汇编、程序流程、算法、数据结构、面向对象编程、数据库、TCP/IP 网络、数据加密、XML、计算机系统开发以及 SE 的相关知识。

本书图文并茂,通俗易懂,非常适合计算机爱好者和相关从业人员阅读。

◆ 著　[日]矢泽久雄
译　胡　屹
责任编辑　乐　馨
执行编辑　高宇涵
责任印制　杨林杰

◆ 人民邮电出版社出版发行　北京市丰台区成寿寺路11号
邮编　100164　电子邮件　315@ptpress.com.cn
网址　https://www.ptpress.com.cn
北京鑫丰华彩印有限公司印刷

◆ 开本:880×1230　1/32　插页:1
印张:8.5　2015年5月第1版
字数:204千字　2023年11月北京第47次印刷

著作权合同登记号　图字:01-2013-3462号

定价:59.80元

读者服务热线:(010)84084456-6009　印装质量热线:(010)81055316

反盗版热线:(010)81055315

广告经营许可证:京东市监广登字20170147号

前　言

我从10年前开始担任企业培训的讲师。培训的对象有时是新入职的员工，有时是入职了多年的骨干员工。这期间通过与一些勉强算是计算机专家的年轻工程师接触，我感到与过去的工程师（计算机发烧友）相比，他们对技术的兴趣少得可怜。并不是说所有的培训对象都如此，但这样的工程师确实占多数。这并不是大吼着命令他们继续学习或用激将法嘲讽他们的专业性就能解决的问题。究其根源，是因为计算机对他们来说，并没有有意思到可以令他们废寝忘食的地步。为什么他们会觉得计算机没意思呢？通过和多名培训对象的交流，我渐渐找到了答案。因为他们不了解计算机。然而，又是什么造成了他们的“不了解”呢？

今天，计算机正在以惊人的速度发展变化着，变得越来越复杂，而这期间产生了许多技术，但是人们并没有过多的时间去深入学习每一门技术，这就是问题的根源。稍微看了看技术手册，只学到了表层的使用方法，觉得自己“反正已经达到目的了”，这就是现状。如果仅仅把技术当作一个黑盒，只把时间花在学习其表面上，而并没有探索到其本质，就绝不应该认为自己已经“懂”了。不懂的话，做起来就会感到没意思，也就更不会产生想要深入学习的欲望了。若每日使用的都是些不知其所以然的技术，就会渐渐不安起来。令人感到遗憾的是，还有一些人在计算机行业遇到挫折后，就选择了离开这个行业。身为一名教授计算机技术的讲师，我由衷地感到自己应该想办法改变这种现状。

对于笔者以及昔日的计算机发烧友而言，虽然大家现在都已经40岁左右了，但即使是面对复杂的最新技术，似乎也还是可以轻松掌握的。其原因在于，从可以轻松买到最初的 8 比特微型计算机的那个时候开始，我们就幸运地接触到了计算机。面对为数不多的技术，我们可以从容地把时间花在学习计算机的基础知识上。而这些基础知识，即使到了今天也完全没有变化。因此，即便面对的是复杂的最新技术，一旦把它们回归到计算机的基础知识上，就变得可以轻松理解了。就算是和年轻的工程师们阅读同样的技术手册，我们领会其中的要点、抓住其本质的速度也要快得多。

其实不仅是计算机，其他学问亦是如此。首先要划出一个“知识的范围”，精通一门学问所必知必会的知识都在这个范围内。其次是掌握该范围内每个知识点中“基础中的基础知识”。最后是能独当一面的“目标”，即掌握了这些知识可以做什么。下面就以学习音乐为例说明这三点。首先，划出的“知识范围”是节奏、旋律、和弦这三个知识点。所谓“基础中的基础知识”，对于节奏来说就是四拍子（大、大、大、大），对于旋律来说就是 C 大调（do re mi fa so la si do），对于和弦来说就是大三和弦（do mi so）。以四拍子为基础就能理解更加复杂的三拍子或五拍子；以 C 大调为基础就能理解更加复杂的降 B 小调；以大三和弦为基础就能理解更加复杂的减三和弦。而最终的“目标”就是能够自己作曲并演奏，尽管这时仅能完成很简单的曲子。

本书的目的是想让诸位了解有关计算机技术的知识范围，掌握其基础中的基础知识，设定目标；同时又想让那些打算用计算机做点什么，却又因难以下手而犹豫不决的人，以及虽然就职于计算机行业，却又因追赶不上最新技术而苦恼的人，能够了解计算机的本质。其实计算机非常简单，谁都能掌握。只要掌握了，计算机就会越来越有趣。

矢泽久雄

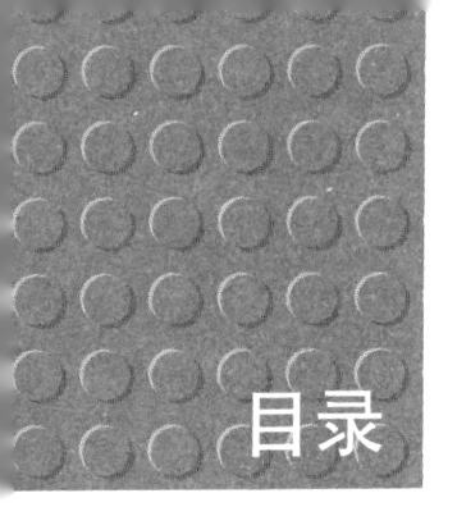

目录

第1章 计算机的三大原则 1

- 1.1 计算机的三个根本性基础 3
- 1.2 输入、运算、输出是硬件的基础 4
- 1.3 软件是指令和数据的集合 6
- 1.4 对计算机来说什么都是数字 8
- 1.5 只要理解了三大原则，即使遇到难懂的最新技术，也能轻松应对 9
- 1.6 为了贴近人类，计算机在不断地进化 10
- 1.7 稍微预习一下第2章 13

第2章 试着制造一台计算机吧 15

- 2.1 制作微型计算机所必需的元件 17
- 2.2 电路图的读法 21
- 2.3 连接电源、数据和地址总线 23
- 2.4 连接I/O 26
- 2.5 连接时钟信号 27
- 2.6 连接用于区分读写对象是内存还是I/O的引脚 28
- 2.7 连接剩余的控制引脚 29
- 2.8 连接外部设备，通过DMA输入程序 34
- 2.9 连接用于输入输出的外部设备 35
- 2.10 输入测试程序并进行调试 36

第3章 体验一次手工汇编 39

- 3.1 从程序员的角度看硬件 41
- 3.2 机器语言和汇编语言 44

● 3.3 Z80 CPU的寄存器结构 49
● 3.4 追踪程序的运行过程 52
● 3.5 尝试手工汇编 54
● 3.6 尝试估算程序的执行时间 57

第4章 程序像河水一样流动着 59
● 4.1 程序的流程分为三种 61
● 4.2 用流程图表示程序的流程 65
● 4.3 表示循环程序块的“帽子”和“短裤” 68
● 4.4 结构化程序设计 72
● 4.5 画流程图来思考算法 75
● 4.6 特殊的程序流程——中断处理 77
● 4.7 特殊的程序流程——事件驱动 78

COLUMN 来自企业培训现场
电阻颜色代码的谐音助记口诀 82

第5章 与算法成为好朋友的七个要点 85
● 5.1 算法是程序设计的“熟语” 87
● 5.2 要点1：算法中解决问题的步骤是明确且有限的 88
● 5.3 要点2：计算机不靠直觉而是机械地解决问题 89
● 5.4 要点3：了解并应用典型算法 91
● 5.5 要点4：利用计算机的处理速度 92
● 5.6 要点5：使用编程技巧提升程序执行速度 95
● 5.7 要点6：找出数字间的规律 99
● 5.8 要点7：先在纸上考虑算法 101

与数据结构成为好朋友的七个要点 103

- 6.1 要点1：了解内存和变量的关系 105
- 6.2 要点2：了解作为数据结构基础的数组 108
- 6.3 要点3：了解数组的应用——作为典型算法的数据结构 109
- 6.4 要点4：了解并掌握典型数据结构的类型和概念 111
- 6.5 要点5：了解栈和队列的实现方法 114
- 6.6 要点6：了解结构体的组成 118
- 6.7 要点7：了解链表和二叉树的实现方法 120

第7章

成为会使用面向对象编程的程序员吧 125

- 7.1 面向对象编程 127
- 7.2 对OOP的多种理解方法 128
- 7.3 观点1：面向对象编程通过把组件拼装到一起构建程序 130
- 7.4 观点2：面向对象编程能够提升程序的开发效率和可维护性 132
- 7.5 观点3：面向对象编程是适用于大型程序的开发方法 134
- 7.6 观点4：面向对象编程就是在为现实世界建模 134
- 7.7 观点5：面向对象编程可以借助UML设计程序 135
- 7.8 观点6：面向对象编程通过在对象间传递消息驱动程序 137
- 7.9 观点7：在面向对象编程中使用继承、封装和多态 140
- 7.10 类和对象的区别 141
- 7.11 类有三种使用方法 143
- 7.12 在Java和.NET中有关OOP的知识不能少 145

一用就会的数据库 147

- 8.1 数据库是数据的基地 149
- 8.2 数据文件、DBMS和数据库应用程序 151
- 8.3 设计数据库 154
- 8.4 通过拆表和整理数据实现规范化 157

- 8.5 用主键和外键在表间建立关系 159
- 8.6 索引能够提升数据的检索速度 162
- 8.7 设计用户界面 164
- 8.8 向DBMS发送CRUD操作的SQL语句 165
- 8.9 使用数据对象向DBMS发送SQL语句 167
- 8.10 事务控制也可以交给DBMS处理 170

COLUMN **来自企业培训现场**
培训新人编程时推荐使用什么编程语言? 172

第9章 通过七个简单的实验理解TCP/IP网络 175

- 9.1 实验环境 177
- 9.2 实验1：查看网卡的MAC地址 179
- 9.3 实验2：查看计算机的IP地址 182
- 9.4 实验3：了解DHCP服务器的作用 184
- 9.5 实验4：路由器是数据传输过程中的指路人 186
- 9.6 实验5：查看路由器的路由过程 188
- 9.7 实验6：DNS服务器可以把主机名解析成IP地址 190
- 9.8 实验7：查看IP地址和MAC地址的对应关系 192
- 9.9 TCP的作用及TCP/IP网络的层级模型 193

第10章 试着加密数据吧 197

- 10.1 先来明确一下什么是加密 199
- 10.2 错开字符编码的加密方式 201
- 10.3 密钥越长，解密越困难 205
- 10.4 适用于互联网的公开密钥加密技术 208
- 10.5 数字签名可以证明数据的发送者是谁 211

XML究竟是什么 215

- 11.1 XML是标记语言 217
- 11.2 XML是可扩展的语言 219
- 11.3 XML是元语言 220
- 11.4 XML可以为信息赋予意义 224
- 11.5 XML是通用的数据交换格式 227
- 11.6 可以为XML标签设定命名空间 230
- 11.7 可以严格地定义XML的文档结构 232
- 11.8 用于解析XML的组件 233
- 11.9 XML可用于各种各样的领域 235

SE负责监管计算机系统的构建 239

- 12.1 SE是自始至终参与系统开发过程的工程师 241
- 12.2 SE未必担任过程序员 243
- 12.3 系统开发过程的规范 243
- 12.4 各个阶段的工作内容及文档 245
- 12.5 所谓设计，就是拆解 247
- 12.6 面向对象法简化了系统维护工作 249
- 12.7 技术能力和沟通能力 250
- 12.8 IT不等于引进计算机 252
- 12.9 计算机系统的成功与失败 253
- 12.10 大幅提升设备利用率的多机备份 255

计算机是怎样跑起来的
——本书将要讲解的主要关键词

基础中的基础知识（开端）

第1章 计算机的三大原则
输入、运算、输出、指令、数据、计算机的处理方式、计算机不断进化的原因

知识的范围

编程

第4章 程序像河水一样流动着
流程的种类、流程图、结构化编程、中断、事件驱动

第5章 与算法成为好朋友的七个要点
辗转相除法、埃拉托斯特尼筛法、鸡兔同笼问题、线性搜索、哨兵

第6章 与数据结构成为好朋友的七个要点
变量、数组、栈、队列、结构体、自我引用的结构体、列表、二叉树

第7章 成为会使用面向对象编程的程序员吧
类、可维护性、建模、UML、消息传递、继承、封装、多态

目标

第12章 SE负责监管计算机系统的构建
瀑布模型、文档、审核、设计方法、信息化、设备利用率

读完本书，便可了解有关计算机的“基础中的基础知识”“知识范围”以及“目标”。

硬件和软件

第2章 试着制造一台计算机吧
CPU、内存、I/O、时钟信号、IC、数据总线、地址总线、控制信号线、DMA

第3章 体验一次手工汇编
机器语言、汇编语言、操作码、操作数、寄存器、内存地址和I/O地址

数据库

第8章 一用就会的数据库
关系型数据库、DBMS、规范化、索引、SQL、事务回滚

网络

第9章 通过七个简单的实验理解TCP/IP网络
NIC、MAC地址、以太网、IP地址、DHCP、路由器、DNS、TCP

第10章 试着加密数据吧
字符编码、密钥、XOR运算、对称密钥加密技术、公开密钥加密技术、数字签名

第11章 XML究竟是什么
标记语言、元语言、CSV、命名空间、DTD、XML Schema、DOM、SOAP

本书的结构

本书共分为 12 章，每章由热身问答、本章要点和正文三部分构成。全书还穿插了 2 个专栏。

●热身问答

在各章的开头部分设有简单的问题作为热身活动，请诸位务必挑战一下。设置这一部分的目的，是为了让诸位能带着问题阅读正文的内容。

●本章重点

各章的本章要点部分揭示了正文的主题。诸位可以读一读，以确认这一章中是否有想要了解的内容。

●正文

正文部分会以讲座的方式，从各章要点中提到的角度出发，对计算机的运行机制予以解释说明。其中还会出现用 Visual Basic 或 C 语言等编程语言编写的示例程序，编写时已力求精简，即便是没有编程经验的读者也能看懂。

●专栏“来自企业培训现场”

专栏部分将会与诸位分享笔者自担任讲师以来，从培训现场收集来的各种各样的轶事。诸位可以时而站在讲师的角度、时而站在听众的角度读一读这部分。专栏部分不仅有严肃认真的话题，更有有趣逗乐的笑话，想必会对诸位有所帮助。

第1章 计算机的三大原则

热身问答

在阅读本章内容前，让我们先回答下面的几个问题来热热身吧。

初级问题

硬件和软件的区别是什么?

中级问题

存储字符串“中国”需要几个字节?

高级问题

什么是编码（Code）?

怎么样？被这么一问，是不是发现有一些问题无法简单地解释清楚呢？下面，笔者就公布答案并解释。

初级问题：硬件是看得见摸得着的设备，比如计算机主机、显示器、键盘等。而软件是计算机所执行的程序，即指令和数据。软件本身是看不见的。

中级问题：在 GBK 字符编码下，存储“中国”需要 4 个字节。

高级问题：通常将为了便于计算机处理而经过数字化处理的信息称作编码。

解释

初级问题：硬件（Hardware）代表“硬的东西”，而软件（Software）代表“软的东西”。是硬的还是软的取决于眼睛能否看得到，或者实际上能否用手摸到。

中级问题：存储汉字时，字符编码不同，汉字所占用的字节数也就不同。在 GBK 字符编码下，一个汉字占用 2 个字节。而在 UTF-8 字符编码下，一个汉字占用 3 个字节。

高级问题：计算机内部会把所有的信息都当成数字来处理，尽管有些信息本来不是数字。用于表示字符的数字是“字符编码”，用于表示颜色的数字是“颜色编码”。

本章重点

现在的计算机看起来好像是种高度复杂的机器，可是其基本的构造却简单得令人惊讶。从大约50年前的第一代计算机到现在，计算机并没有发生什么改变。在认识计算机时，需要把握的最基础的要点只有三个，我们就将这三个要点称为“计算机的三大原则”吧。无论是多么高深、多么难懂的最新技术，都可以对照着这三大原则来解释说明。

只要了解了计算机的三大原则，就会感到眼前豁然开朗了，计算机也比以往更加贴近自己了，就连新技术接连不断诞生的原因也明白了。本书以本章介绍的计算机的三大原则为基础，内容延伸至硬件和软件、编程、数据库、网络以及计算机系统。在阅读之后的章节时，也请诸位时常将计算机的三大原则放在心上。

1.1 计算机的三个根本性基础

下面就赶紧开始介绍计算机的三大原则吧。

1. 计算机是执行输入、运算、输出的机器
2. 程序是指令和数据的集合
3. 计算机的处理方式有时与人们的思维习惯不同

计算机是由硬件和软件组成的。诸位可以把硬件和软件的区别理解成游戏机（硬件）和收录在CD-ROM中的游戏（软件）的区别。这样就能理解硬件和软件各自的基础了（三大原则中的第一点和第二点）。

在此之上，计算机有计算机的处理方式也是一条重要的原则。而且请诸位注意，计算机的处理方式往往不符合人们的思维习惯（三大原则中的第三点）。

计算机三大原则中的每一条，都是从事计算机行业 20 余年的笔者深切领悟出来的。诸位可以把这本书拿给你周围了解计算机的朋友看，他们应该会对你说“确实是这样的啊”“当然是这样的了”这类话。过去的计算机发烧友们在不知不觉中就能逐渐领悟出计算机的三大原则。而对于那些打算从今日开始深入接触计算机的普通人来说，三大原则中的有些地方也许一时半会儿难以理解，但是不要担心，因为下面的解释会力求让诸位都能理解三大原则的具体含义。

1.2　输入、运算、输出是硬件的基础

首先从硬件的基础开始介绍。从硬件上来看，可以说计算机是执行输入、运算、输出三种操作的机器。计算机的硬件由大量的 IC（Integrated Circuit，集成电路）组成（如图 1.1 所示）。每块 IC 上都带有许多引脚。这些引脚有的用于输入，有的用于输出。IC 会在其内部对外部输入的信息进行运算，并把运算结果输出到外部。运算这个词听起来也许有些难以理解，但实际上就是计算的意思。计算机所做的事就是“输入”数据 1 和 2，然后对它们执行加法“运算”，最后“输出”计算结果 3。

图 1.1　IC 的引脚中有些用于输入，有些用于输出

小型的IC自不必说，就连在观察银行的在线系统这类巨型系统时，或是编写复杂的程序时，也要时常把输入、运算、输出这三者想成是一套流程，这一点很重要。其实计算机就是台简单的机器，因为它只能做这三件事。

“你说得不对，计算机能做的事远比这些多得多。”也许会有人这样反驳笔者。的确，计算机可以做各种各样的事，比如玩游戏、处理文字、核算报表、绘图、收发电子邮件、浏览网页，等等。但是无论是多么复杂的功能，都是通过组合一个又一个由输入、运算、输出构成的流程单位来实现的，这是毋庸置疑的事实。如果打算用计算机做点什么的话，就要考虑该如何进行输入、如何获取输出以及进行怎样的运算才能从输入得到输出。

输入、运算、输出三者必须成套出现，缺一不可。这样说的原因有几点。首先，现在的计算机还没有发展到能通过自发的思考创造出信息的地步。因此不输入信息，计算机就不能工作。所以，输入是必不可少的。其次，计算机不可能不执行任何运算。如果只是使输入的信息绕过运算环节直接输出，那么这就是电线而不是计算机了。可以说不进行运算，计算机也就没有什么存在的意义。最后，输入的信息如果经过了运算，那么运算结果就必然要输出。如果不输出结果，那么这也不是计算机而只是堆积信息的垃圾箱了。因此，输出也必不可少。

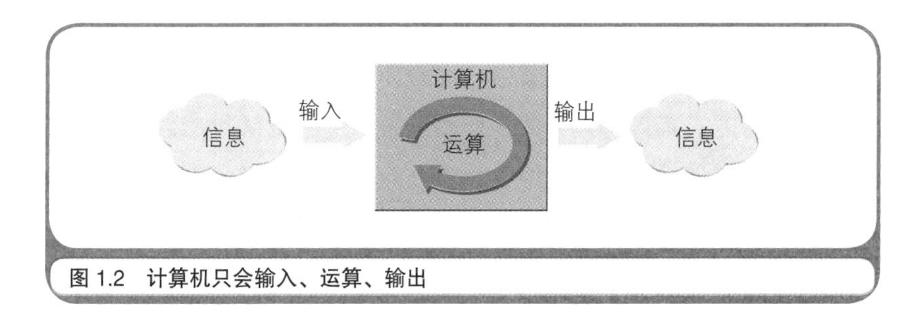

图 1.2 计算机只会输入、运算、输出

1.3 软件是指令和数据的集合

下面介绍软件，即程序的基础。所谓程序，其实非常简单，只不过是指令和数据的集合。无论程序多么高深、多么复杂，其内容也都是指令和数据。所谓指令，就是控制计算机进行输入、运算、输出的命令。把向计算机发出的指令一条条列出来，就得到了程序。这里成套出现的输入、运算、输出，就是之前在硬件的基础一节中说明过的流程。向计算机发出的指令与计算机硬件上的行为一一对应是理所当然的。

在程序设计中，会为一组指令赋予一个名字，可以称之为“函数”“语句”“方法”“子例程”“子程序”等。这里稍微说些题外话，在计算机行业，明明是同一个东西，却可以用各种各样的术语来指代它，这种现象请诸位注意。如果只想用一个名字的话，一般情况下笔者推荐称之为函数，因为这个名字通俗易懂。

程序中的数据分为两类，一类是作为指令执行对象的输入数据，一类是从指令的执行结果得到的输出数据。在编程时程序员会为数据赋予名字，称其为“变量”。看到变量和函数，诸位也许会联想到数学吧。正如数学中函数的表记方法那样，在很多编程语言中都使用着类似于下面的这种语法。

```
y = f(x)
```

这句话表示若把变量 x 输入到函数 f 中，经过函数内部的某种运算后，其结果就会输出到变量 y 中。因为计算机是先把所有的信息都表示成数字后才对其进行运算的，所以编程语言的语法类似数学算式也就不足为奇了。但是在程序中有一点与数学不同的是，变量和函数的名字都可以由一个以上的字符构成，比如下面这种情况。

```
output = operate(input)
```

也就是说，使用由多个字符构成的长名字也是可以的。甚至可以说，写成这样的情况更加普遍。

下面我们就举一个例子作为证据来证明程序是指令和数据的集合。请诸位看代码清单 1.1。这里列出了一段用名为 C 语言的编程语言编写的程序。C 语言中要在每条指令的末尾写一个分号“;”。第一行的“int a, b, c;”表示接下来要使用名为 a、b、c 的整数变量，其中 int 是 integer（整数）的缩写，用于告诉计算机“要用的是整数”。下一行的“a = 10”表示把整数 10 赋值给变量 a。同样地，“b = 20;”表示把整数 20 赋值给变量 b。等号“=”是赋值给变量的指令。再来看最后一行的“c = Average(a, b);”，这一行表示把变量 a 和 b 传给函数的参数，并将运算结果赋值给变量 c。其中使用了一个名为 Average 的神秘函数，它的作用是返回两个参数的平均值。通过上面这个例子，诸位就应该能明白程序确实只是由指令和数据构成的了吧。

代码清单 1.1 C 语言的程序示例片段

```
int a, b ,c;
a = 10;
b = 20;
c = Average(a, b);
```

虽然程序就是这样，但是那些稍微有些编程经验的人也许会说：代码清单 1.1 所示的程序逻辑简单，而真正的程序是使用了各种各样的语法、比这复杂得多得多的东西，绝不是用指令和数据的集合就能解释清楚的。其实并不是像他们想的那样，无论是多么复杂的程序，都只不过是指令和数据的集合。下面我们再拿出一个证据。

在一般的编程过程中，都要先编译再执行。所谓编译就是把用 C 语言等编程语言编写的文件（源文件）转换成用机器语言（原生代码）编写的文件。假设我们先把代码清单 1.1 中的代码保存到文件 MyProg.c 中，然后经过编译就可以生成可执行的程序文件 MyProg.exe 了。接下来使用能查看文件内容的工具查看 MyProg.exe，其内容应该与代码清单 1.2 类似。可以看到里面仅仅是数值的罗列（这里用十六进制数表示）。

代码清单 1.2 机器语言的程序示例

```
C7 45 FC 01 00 00 00 C7 45 F8 02 00 00 00 8B 45
F8 50 8B 4D FC 51 E8 82 FF FF FF 83 C4 08 89 45
F4 8B 55 F4 52 68 1C 30 42 00 E8 B9 03 00 00 83
```

请选择一个代码清单 1.2 中的数值，随便哪个都可以。这个数值代表什么呢？是表示赋值或加法等指令的种类呢，还是表示将成为指令执行对象的数据呢？也有这样的可能（不过这终归是想象），第一个数值 C7 表示指令，第二个数值 45 表示数据。在诸位所使用的 Windows 个人计算机中，应该会有若干个以 .exe 为扩展名的可执行程序文件。无论是哪个程序，其内容都是数值的罗列，每个数值要么是指令，要么是数据。

1.4 对计算机来说什么都是数字

计算机有计算机的处理方法，这是三大原则中的最后一点。计算机本身只不过是为我们处理特定工作的机器。如果计算机能自己干活的话，那么笔者一定会买几百台，让它们先替自己完成一整年的工作。但是，并没有这种会挣钱的计算机，计算机终究只是受人支配的工具。

迄今为止，使用计算机的目的就是为了提高手工作业的效率。例如，文字处理软件可以提高编写文档的效率；电子邮件可以提高传统邮件寄送的效率。总之，作为可以提高工作效率的工具，有些靠手工作业完成的业务可以直接交给计算机处理。但是也有很多手工作业无法直接由计算机处理。也就是说，在用计算机替代手工作业的过程中，要想顺应计算机的处理方法，有时就要违背人们的思维习惯。请诸位特别留心这一点。

用数字表示所有信息，这就是一个很具有代表性的计算机式的处理方法，这一点也正是和人类的思维习惯最不一样的地方。例如，人们会用“蓝色”“红色”之类的词语描述有关颜色的信息。可是换作计算机的话，就不得不用数字表示颜色信息。例如，用“0,0,255”表示蓝色，用“255,0,0”表示红色，用“255,0,255”表示由蓝色和红色混合而成的紫色。不光是颜色，计算机对文字的处理也是如此。计算机内部会先把文字转换成相应的数字再做处理，这样的数字叫作“字符编码”。总之计算机会把什么都用数字来表示。

熟悉计算机的人经常会说出一些令人费解的话，例如“在这里打开文件，获得文件句柄”“把用公钥加密后的文件用私钥解密”。那么，他们所说的“文件句柄”是什么呢？——是数字。“公钥”是什么呢？——是数字。“私钥”呢？——当然还是数字。无论计算机所处理的信息是什么形式，只要把它们都当成是数字就可以了。虽然这有些违背人们的思维习惯，但是处理数字对计算机来说却是非常简单的。

下面笔者就讲一件自己年轻时的糗事吧。事情发生在一次与老程序员探讨问题时，我问他：“用某某程序处理的某某数据，在计算机内部也是用数字表示的吧？”老程序员听后，吃惊得张开了嘴，回了一句：“这不是明摆着吗！”

1.5 只要理解了三大原则，即使遇到难懂的最新技术，也能轻松应对

有关计算机三大原则的说明到此结束。只要理解了这三大原则，即使遇到难懂的最新技术，也能轻松应对。下面就给诸位看一个具体的例子。这里摘录了一段有关 .NET 技术的介绍，.NET 是微软公司率先提出的一种新技术。如果要正式地介绍 .NET 技术，就会像下面这样进行说明。

【有关 .NET 的说明之一】

微软公司率先提出了作为新一代互联网平台的 .NET 技术。作为 .NET 核心的 XML Web 服务使用通用技术 SOAP、XML，促使企业间的计算机协同工作。

真是不好理解的一段话啊。可是如果把 .NET 的核心技术对照着计算机三大原则再介绍一遍的话，就会像下面这样进行说明。

【有关 .NET 的说明之二】

计算机是执行程序的机器。程序是指令和数据的集合。为了使互联网上相互连接的计算机能通过程序协同工作，微软公司采用了 SOAP 以及 XML 规范。SOAP 是关于调用指令的规范，XML 则是定义数据格式的规范。

只要定义出了指令和数据的规范，装有符合规范的程序的计算机自然就可以相互协作了。所谓计算机的协同工作指的是，输入到一台计算机中的数据，可以通过互联网传送到与这台计算机相连的其他计算机上执行运算，运算所输出的结果再返回给这台计算机。像这样部署在其他计算机上能执行某种运算的程序就叫作 XML Web 服务。

这回怎么样？应该变得容易理解了吧？如果又想到了其他的问题，比如“为什么不得不遵循 SOAP 和 XML 的规范呢？”或者“实际看了看 SOAP 和 XML 的规范，才发现也很复杂。”那么就可以把答案归结为“因为那些都是适合计算机的处理方式”。

1.6 为了贴近人类，计算机在不断地进化

围绕着计算机的技术正在以狂奔般的速度不断进化，与其说是日新月异，倒不如说是“秒新分异”。虽然也许有人会觉得眼前的已经够

用了，希望能停留在现有的技术水平上。但是计算机的进化是不会停止的，因为计算机还远远没有到达完善的地步。

计算机进化的目的只有一个——与人类更加相近。要想贴近人类，就必须从计算机的处理方式中摒弃不符合人们思维习惯的部分。请对照着计算机三大原则之一的“计算机有自己的处理方式”来记忆这个结论。

举例来说，键盘这种不好用的输入设备进化成了好用的鼠标。平面的 2D（二维）游戏进化成了立体的 3D（三维）游戏。无论是哪一种进化，都是为了使计算机的处理方式更加贴近人类。

这样发展下去的话，也许计算机进化的最终形态就是机器人了，有着与人类一样的外表，可以使用人类的语言。例如在 1985 年茨城县筑波市举办的筑波世博会上，就展示出了一台用 CCD 照相机识别乐谱，弹奏钢琴的机器人。也许有人会觉得：“数码音乐什么的用个人计算机不是也能完成吗?”但是这个发明的意义在于机器人能和人类做相同的事了。就在不久前，本田公司开发出的两足步行机器人也成为了热议的话题。也许又有人会觉得：“为什么非要特地用两只脚行走呢，装上轮子能动起来不也一样吗?”但是这个发明的意义还是在于机器人能和人类做相同的事了。有乐谱和钢琴就能演奏，人能走的道路或台阶它也能走，这样的机器人无疑才能更加方便地应用于人类社会。

若与十几年前相比，诸位身边的个人计算机也在逐渐贴近人类。20 世纪 80 年代中期盛行的个人计算机操作系统是 MS-DOS，其操作方法是靠在全黑的画面上敲入字符，把命令传给计算机。进入 90 年代后，MS-DOS 进化成了 Windows，用户可以在图形界面上通过鼠标的操作直观地下达命令（如图 1.3 所示）。开发出 Windows 的美国微软公司，正将目标锁定在用户体验（User Experience）上，旨在开发出超过现有 Windows、更加贴近人类的用户界面（计算机的操作方法）。

Windows XP 和 Office XP 末尾的 XP，代表的就是 Experience（体验）。Windows 若能这样不断进化下去，早晚会有一天，面向个人计算机的语音输入和手写输入等技术将变得极为普及。

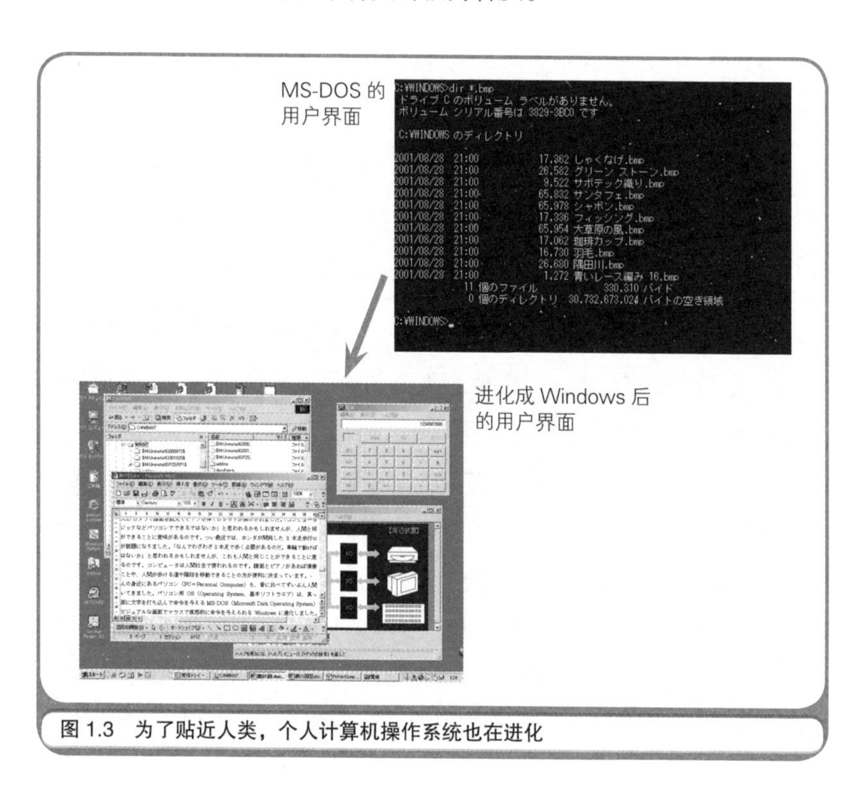

图 1.3 为了贴近人类，个人计算机操作系统也在进化

诸位读者当中应该也有对编程感兴趣的人吧。编程方法也在进化，进化的成果是诞生了两种编程方法，面向组件编程（Component Based Programming）和面向对象编程（Object Oriented Programming）。这两者的进化目标一致，都是使程序员可以在编程中继续沿用人类创造事物时的方法。面向组件编程的方法是通过将组件（程序的零件）组装到一起完成程序；面向对象编程的方法是先如实地对现实世界的业务建模，之后再把模型搬到程序中。使用符合人类思维习惯的编程方法，可以实现高效率的开发。

但是，偏偏有这类程序员，他们对面向组件编程敬而远之，明明有各种各样现成的组件可供使用，却什么功能都要自己亲手做，仿佛不这样编程就不舒心。还有的程序员误认为面向对象编程难以理解。像这样的程序员人数还不少，特别是在昔日的计算机发烧友当中。总之就是因为他们太习惯于配合计算机的处理方式了，反倒认为计算机贴近人类这一发展趋势是在添乱。

笔者则认为，无论是刚入行的技术人员，还是有资历的老工程师，都应该由衷地欢迎技术的进化，坦率地接受新技术。如果是用祖传技艺制作出来的传统手工艺品的话，也许还有价值，但是没有人会稀罕靠一成不变的方法编写出的程序。

1.7 稍微预习一下第 2 章

作为第 2 章的预习，在本章的最后先来简单地介绍一下计算机（特别是个人计算机）硬件的组成要素。这里讲得不会很难，请先看一下图 1.4，体会一下图中的要点。如图所示，计算机内部主要由被称作 IC 的元件组成。虽然在 IC 家族当中有功能各异的各种 IC，但是在这里希望诸位记住的只有三种：CPU（处理器）、内存以及 I/O。

CPU 是计算机的大脑，在其内部可对数据执行运算并控制内存和 I/O。内存用于存储指令和数据。I/O 负责把键盘、鼠标、显示器等周边设备和主机连接在一起，实现数据的输入与输出。

在诸位所使用的 Windows 个人计算机中，多数都只装有一枚名为 Pentium（奔腾）的 CPU 吧。内存的数量则会根据所需存储的大小（少则 32MB，多则 256MB）装有多条。I/O 也会根据周边设备的多少装配有多个。可以认为个人计算机背板上有多少个插孔就有多少个 I/O。

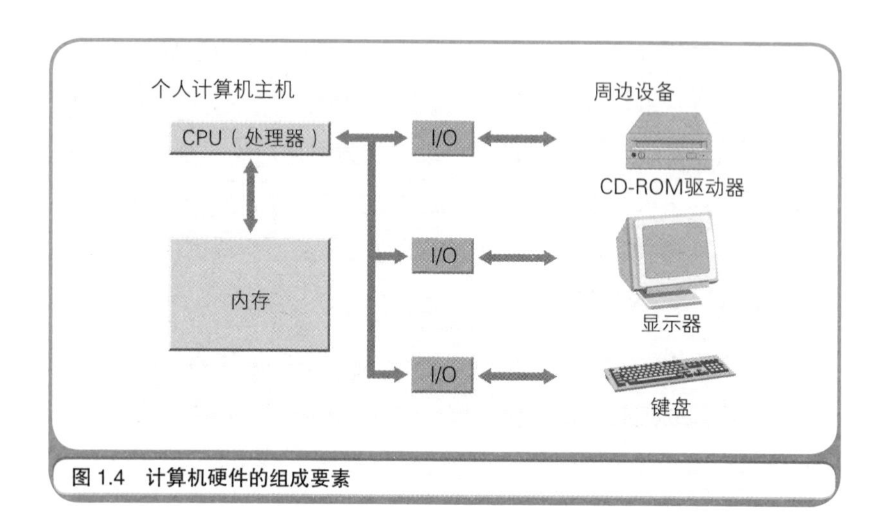

图 1.4 计算机硬件的组成要素

只要用电路把 CPU、内存以及 I/O 上的引脚相互连接起来，为每块 IC 提供电源，再为 CPU 提供时钟信号，硬件上的计算机就组装起来了，还是非常简单的吧。所谓时钟信号，就是由内含晶振[①]的、被称作时钟发生器的元件发出的滴答滴答的电信号。如果是 Pentium CPU 的话，所使用的时钟信号会从几百 MHz 到 2GHz 不等。

☆　☆　☆

诸位辛苦了，至此第 1 章就结束了。想必诸位都已经理解了计算机的三大原则以及计算机为什么要进化了吧。因为这些知识真的非常重要，所以如果第一遍没有读懂，就请再反复多读几遍。也可以叫上公司的同事、学校的同学一起讨论本章的内容。如果能让有资历的老工程师也加入讨论，那么效果会更加显著。

在接下来的第 2 章中，我们将尝试着动手“制造”一台计算机。说是制造，也只不过是在纸上进行的“模拟体验”，而且笔者会带着诸位做，所以请不要担心。敬请期待！

---

① 一种利用石英晶体（又称水晶）的压电效应产生高精度振荡频率的电子元件。——译者注

第2章 试着制造一台计算机吧

热身问答

在阅读本章内容前，让我们先回答下面的几个问题来热热身吧。

初级问题

CPU 是什么的缩写？

中级问题

Hz 是表示什么的单位？

高级问题

Z80 CPU 是多少比特的 CPU？

怎么样？被这么一问，是不是发现有一些问题无法简单地解释清楚呢？下面，笔者就公布答案并解释。

初级问题：CPU 是 Central Processing Unit（中央处理器）的缩写。

中级问题：Hz（赫兹）是频率的单位。

高级问题：Z80 CPU 是 8 比特的 CPU。

解释

初级问题：CPU 是计算机的大脑，负责解释、执行程序的内容。有时也将 CPU 称作“处理器”。

中级问题：通常用 Hz 来表示驱动 CPU 运转的时钟信号的频率。1 秒发出 1 次时钟信号就是 1Hz，所以 100MHz（兆赫兹）的话就是 100 × 100 万 = 1 亿次 / 秒。M（兆）代表 100 万。

高级问题：CPU 上数据总线的条数，或者 CPU 内部参与运算的寄存器的容量，都可以作为衡量 CPU 性能的比特数。在 Z80 CPU 中，无论是数据总线的条数还是寄存器的容量都是 8 比特，所以 Z80 CPU 是一款 8 比特的 CPU。而在 Windows 个人计算机中广泛使用的 Pentium（奔腾）CPU 则是 32 比特的 CPU。

本章重点

要想彻底掌握计算机的工作原理，最好的方法就是自己搜集零件，试着组装一台微型计算机。微型计算机（MicroCom）是 Micro Computer 的缩写，字面含义是微小的计算机，但一般也可用于指代 IC 元件外露的、用于控制的计算机。因为要制作一台真正的微型计算机既花时间又花金钱，所以本章就在纸上体验一下微型计算机的制作过程吧。需要让诸位准备的只有如图 2.1 所示的电路图和一根红铅笔。将电路图复印下来后，请诸位一边想象着元件之间传输的信号的作用，一边用红铅笔描画出笔者所介绍的电路，以此来代替实际的布线环节。当所有的电路都描红了，微型计算机也就完成了。

别看只是描了描线，却一样能学到很多知识，甚至可以说不费吹灰之力就能了解计算机的工作原理。从此之后不但消除了对硬件的恐惧感，而且还会感到和计算机更加亲近了。请诸位一定要借此机会体验微型计算机的制作过程。

2.1 制作微型计算机所必需的元件

首先让我们来收集元件吧。制作微型计算机所需的基础元件只有 3 个，CPU、内存和 I/O，每种元件都是作为一块独立的 IC 在市场上出售的。CPU 是计算机的大脑，负责解释、执行程序。内存负责存储程序和数据。I/O 是 Input/Output（输入 / 输出）的缩写，负责将计算机和外部设备（周边设备）连接在一起。

这里我们使用 Z80 CPU 作为微型计算机的 CPU、TC5517 作为内

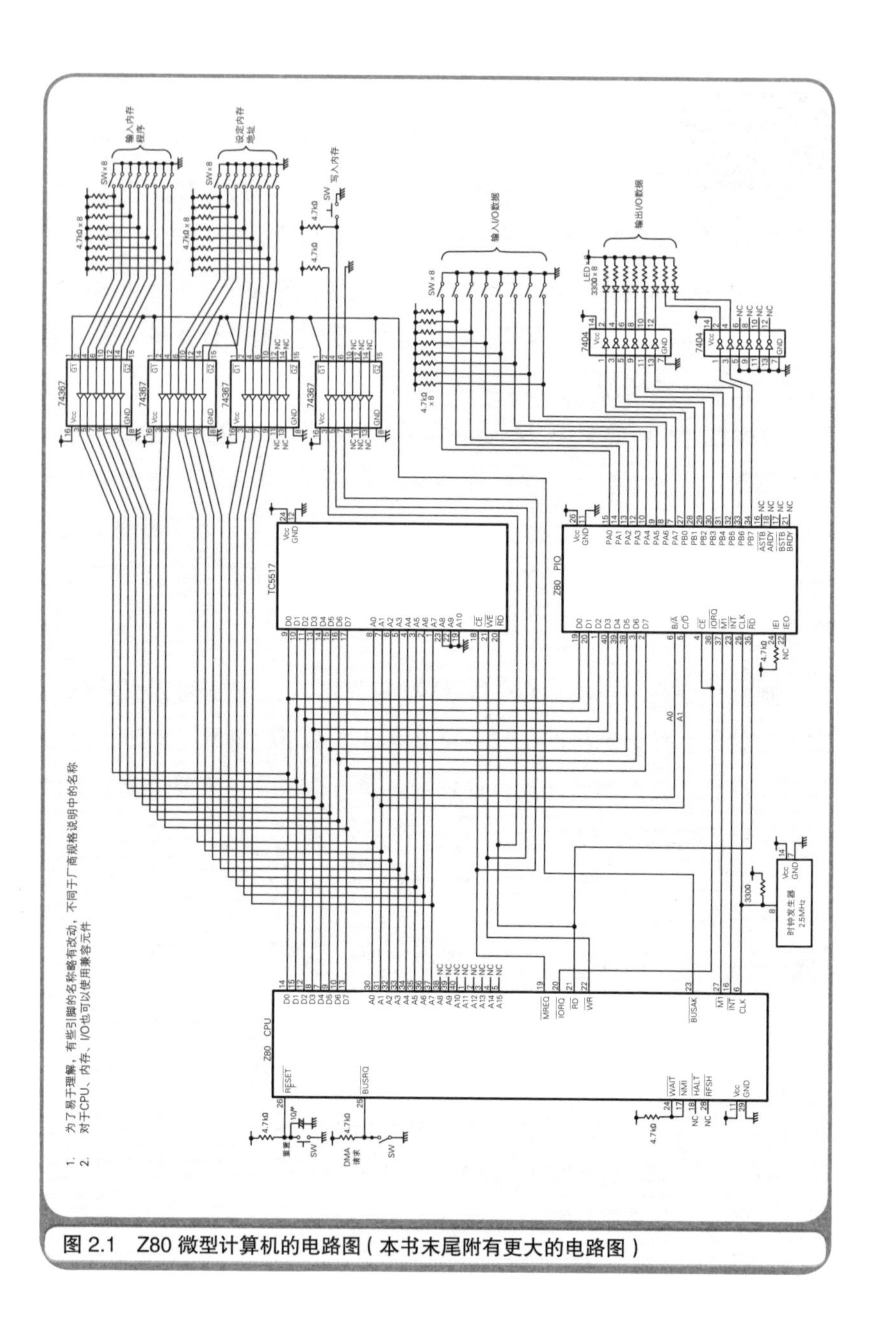

图 2.1　Z80 微型计算机的电路图（本书末尾附有更大的电路图）

存、Z80 PIO 作为 I/O。Z80 CPU 是一款古老的 CPU，在 NEC 的 PC-8801、SHARP 的 MZ-80 等 8 比特计算机广泛应用的时代，曾以爆炸般的速度普及过。TC5517 是可以存储 2K 的 8 比特数据的内存。在计算机的世界里，K 表示 $2^{10}=1024$。TC5517 的容量是 8 比特 $\times 2\times 1024=16384$ 比特，即 2K 字节。虽然这点容量与诸位所使用的个人计算机比起来相差悬殊，但是对于用于学习的微型计算机来说是绰绰有余了。Z80 PIO 作为 I/O，经常与 Z80 CPU 一起使用。正如其名，PIO（Parallel I/O，并行输入 / 输出）可以在微型计算机和外部设备之间并行地（一排一排地）输入输出 8 比特的数据。在计算机爱好者们沉浸在制作微型计算机的那个年代，这些元件都是常见的 IC。这里要先跟诸位打声招呼，这里制作的微型计算机终归只是用于学习的模型，并没有什么实用的价值。

为了制作微型计算机，除了 CPU、内存和 I/O，还需要若干辅助元件。

为了驱动 CPU 运转，称为“时钟信号”的电信号必不可少。这种电信号就好像带有一个时钟，滴答滴答地每隔一定时间就变换一次电压的高低（如图 2.2 所示）。输出时钟信号的元件叫作“时钟发生器”。时钟发生器中带有晶振，根据其自身的频率（振动的次数）产生时钟信号。时钟信号的频率可以衡量 CPU 的运转速度。这里使用的是 2.5MHz（兆赫兹）的时钟发生器。

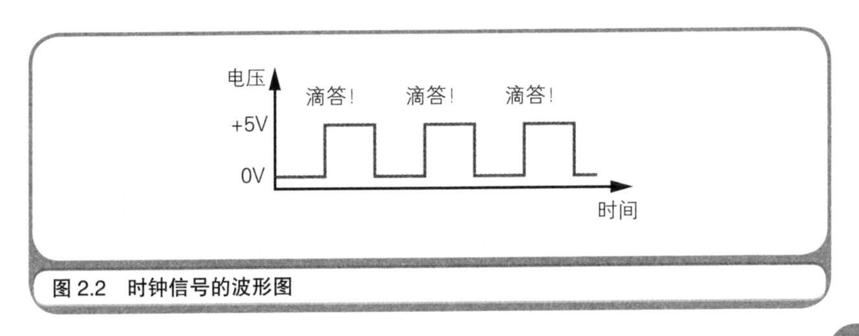

图 2.2　时钟信号的波形图

用于输入程序的装置也是必不可少的。在这里我们通过拨动指拨开关来输入程序，指拨开关是一种由 8 个开关并排连在一起构成的元件（如照片 2.1(a) 所示）。输出程序执行结果的装置是 8 个 LED（发光二极管）。到此为止，主要的元件就都备齐了。

剩下的就都是些细碎的元件了。表 2.1 是所需元件的一览表，里面也包含了之前介绍过的元件。请诸位粗略地浏览一遍。所需元件表中的 74367 和 7404 也是 IC，用于提高连接外部设备时的稳定性。

电阻是用于阻碍电流流动、降低电压值的元件。为了省去布线的麻烦，这里也会使用将 8 个电阻集成到 1 个元件中的集成电阻（如照片 2.1(b) 所示）。电阻的单位是 Ω（欧姆）。电容是存储电荷的元件，衡量存储电荷能力的单位是 F（法拉）。要让微型计算机运转起来，5V（伏特）的直流电源是必不可少的。于是还需要使用一个叫作“开关式稳压电源”的装置，将 220V 的交流电变成 5V 的直流电。

表 2.1 本次用到的制作微型计算机的元件

元件名称	数量	电路图符号	说明
Z80 CPU	1		CPU（8 比特 CPU）
TC5517	1		内存（8 比特 ×2K）
Z80 PIO	1		I/O（8 比特 ×2 个并口 I/O）
74367	4		三态总线缓冲器
7404	2		六反相器
时钟发生器	1	2.5MHz	2.5MHz
指拨开关（DIP switch）	3		用于切换开 / 关状态（8 比特）

（续）

元件名称	数量	电路图符号	说明
按键开关（Push switch）	2		平时处于关的状态，按下后电路连通，手指离开后由内部的弹簧弹回关的状态
快动开关（Snap switch）	2		用于切换开 / 关状态
集成电阻	3		4.7kΩ × 8 个（1/4W）
集成电阻	1		330Ω × 8 个（1/4W）
电阻	6		4.7kΩ （1/4W）
电阻	1		330Ω （1/4W）
电容	1		10μF（25V）
LED	8		颜色任意
开关式稳压电源	1	在电路图中省略了该元件	用于将 220V 的交流电转换为 5V 的直流电
用于连接各元件的导线	适量	用直线表示	AWG 30 号线很好用

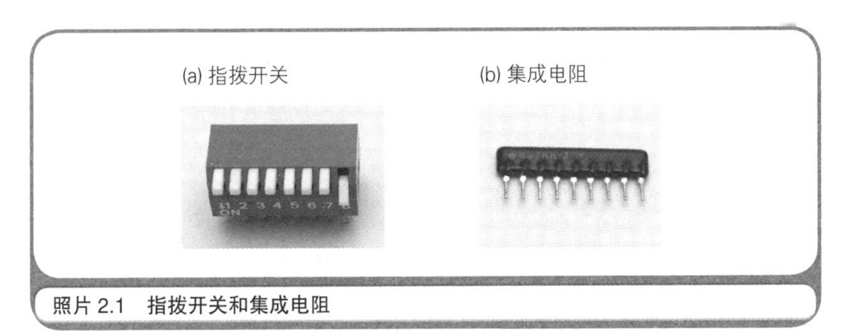

照片 2.1　指拨开关和集成电阻

2.2　电路图的读法

在开始布线之前，先来介绍一下电路图的读法。在电路图中，用连接着各种元件符号的直线表示如何布线。电路中有些地方有交叉，但若只是交叉在一起的话，并不表示电路在交叉处构成通路。只有在交叉处再画上一个小黑点才表示构成通路。

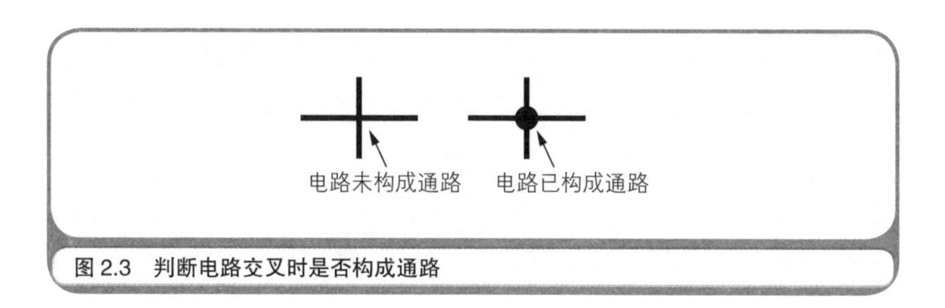

图 2.3 判断电路交叉时是否构成通路

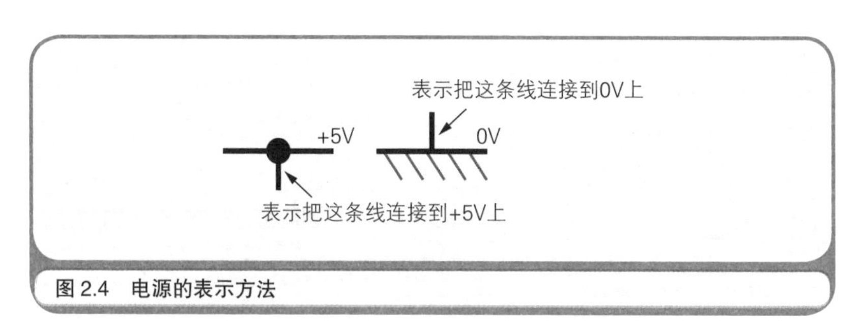

图 2.4 电源的表示方法

本次制作的微型计算机工作在 +5V 的直流电下。虽然在实际的电路中要把 +5V 和 0V 连接到各个元件的各个引脚上，但是如果在电路图中也把这些地方都一一标示出来的话，就会因为到处都是 +5V 和 0V 的布线而显得混乱不堪了。所以要使用如图 2.4 所示的两种电路图符号来分别表示电路连接到 +5V 和连接到 0V 的情况。

IC 的引脚（所谓引脚就是 IC 边缘露出的像蜈蚣腿一样的部分）按照逆时针方向依次带有一个从 1 开始递增的序号。数引脚序号时，要先把表示正方向的标志，比如半圆形的缺口，朝向左侧。举例来说，带有 14 个引脚的 7404，其引脚序号就如图 2.5 所示。

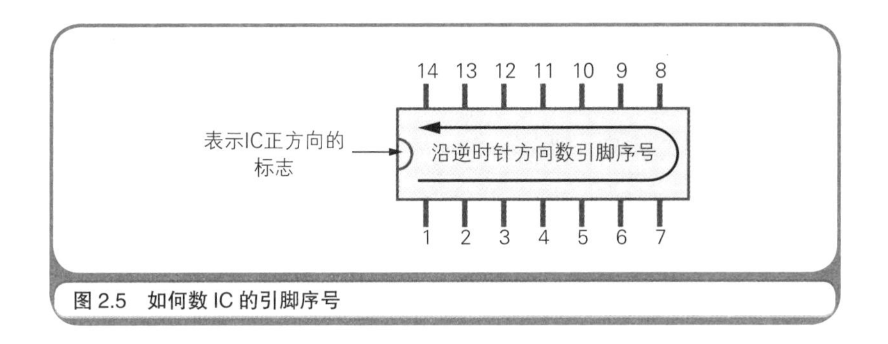

图 2.5 如何数 IC 的引脚序号

如果按照引脚序号的排列顺序来画 IC 的电路图符号，那么标示如何布线时就会很不方便。所以通常所绘制的电路图都不受引脚实际排布的限制[①]。画图时，在引脚的旁边写上引脚的序号，在表示 IC 的矩形符号中写上表明该引脚作用的代号。代号就是像 RD（Read）表示执行读取操作，WR（Write）表示执行写入操作这样的代表了某种操作的符号。各个代号的含义等到为引脚布线时再一一说明[②]。

2.3 连接电源、数据和地址总线

下面就开始布线吧。请假想自己正在制作微型计算机，并按照如下的说明用红铅笔在电路图中描画相应的电路。

首先连接电源。IC 与普通的电器一样，只有接通了电源才能工作。Z80 CPU、TC5517 和 Z80 PIO 上都分别带有 Vcc 引脚和 GND 引脚。Vcc 和 GND 这一对儿引脚用于为 IC 供电。下面请先将 +5V 电源连接

① 有时也会遵循引脚序号的顺序绘制电路图，这样的电路图叫作实物布线图。

② 写在引脚旁边的代号，其含义会写在 IC 生产厂商发布的资料中，但在这里为了保持文章的通俗易懂，改变了一部分代号的写法，这一点还望诸位谅解。例如，在厂商的资料中 TC5517 的第 20 个引脚的代号是 OE（Output Enable，输出使能），在这里则改为了含义相同的 RD（Read，读取）。

到各个 IC 的 Vcc 引脚上，然后将 0V 电源连接到各个 IC 的 GND 引脚上。接下来还需要将 +5V 和 0V 连接到时钟发生器上。接通电源后这些 IC 和时钟发生器就可以工作了。

微型计算机所使用的 IC 属于数字 IC。在数字 IC 中，每个引脚上的电压要么是 0V、要么是 +5V，通过这两个电压与其他的 IC 进行电信号的收发。用于给 IC 供电的 Vcc 引脚和 GND 引脚上的电压是恒定不变的 +5V 和 0V，但是其他引脚上的电压，会随着计算机的操作在 +5V 和 0V 之间不断地变化。

稍微说一点题外话，只要想成 0V 表示数字 0、+5V 表示数字 1，那么数字 IC 就是在用二进制数的形式收发信息。也正因为如此，二进制数在计算机当中才如此重要。有关二进制的内容，本书并不会详细介绍，但是请先记住以下知识点：通常将 1 个二进制数（也就是数字 IC 上 1 个引脚所能表示的 0 或者 1）所表示的信息称作“1 比特”，将 8 个二进制数（也就是 8 比特）称作“1 字节”。比特是信息的最小单位，字节是信息的基本单位。这里制作的微型计算机是一台 8 比特微型计算机，因此是以 8 比特为一个单位收发信息的。

下面回到正题。计算机以 CPU 为中心运转。CPU 可以与内存或 I/O 进行数据的输入输出。为了指定输入输出数据时的源头或目的地，CPU 上备有“地址总线引脚”。Z80 CPU 的地址总线引脚共有 16 个，用代号 A0～A15 表示，其中的 A 表示 Address（地址）。后面的数字 0～15 表示一个 16 位的二进制数中各个数字的位置，0 对应最后一位、15 对应第一位。16 个地址总线引脚所能指定的地址共有 65536 个，用二进制数表示的话就是 0000000000000000～1111111111111111。因此 Z80 CPU 可以指定 65536 个数据存取单元（内存存储单元或 I/O 地址），进行信息的输入输出。

一旦指定了存取数据的地址，就可以使用数据总线引脚进行数据的输入输出了。Z80 CPU 的数据总线引脚共有 8 个，用代号 D0～D7 表示。其中的 D 表示 Data（数据），后面的数字 0～7 与地址总线引脚代号的规则相同，也表示二进制数中各个数字的位置。Z80 CPU 可以一次性地输入输出 8 比特的数据，这就意味着如果想要输入输出位数（比特数）大于 8 比特的数据，就要以 8 比特为单位切分这个数据。

作为内存的 TC5517 上也有地址总线引脚（A0～A10）和数据总线引脚（D0～D7）。这些引脚需要同 Z80 CPU 上带有相同代号的引脚相连。一块 TC5517 上可以存储 2048 个 8 比特的数据（如图 2.6 所示）。可是由于用于输入程序的指拨开关是以 8 比特为一个单位指定内存地址的，所以我们只使用 TC5517 上的 A0～A7 这 8 个引脚，并把剩余的 A8～A10 引脚连接到 0V 上（这些引脚上的值永远是 0）。虽然总共有 2048 个存储单元，最终却只能使用其中的 256 个，稍微有些浪费。下面就请诸位用红铅笔把 Z80 CPU 和 TC5517 的 D0～D7 以及 A0～A7 引脚分别连接起来。

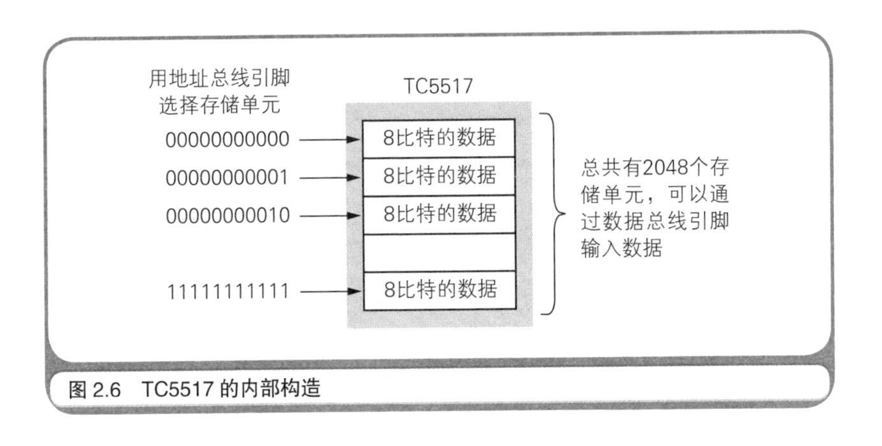

图 2.6　TC5517 的内部构造

2.4 连接 I/O

下面开始连接 I/O。只有了解了作为 I/O 的 Z80 PIO 的结构，才能理解为什么要这样布线。诸位都知道“寄存器”这个词吗？寄存器是位于 CPU 和 I/O 中的数据存储器。Z80 PIO 上共有 4 个寄存器。2 个用于设定 PIO 本身的功能，2 个用于存储与外部设备进行输入输出的数据。

这 4 个寄存器分别叫作端口 A 控制、端口 A 数据、端口 B 控制和端口 B 数据。所谓端口就是 I/O 与外部设备之间输入输出数据的场所，可以把端口（Port）想象成是轮船装卸货物的港口。Z80 PIO 有 2 个端口，端口 A 和端口 B，最多可以连接 2 个用于输入输出 8 比特数据的外部设备（如图 2.7 所示）。

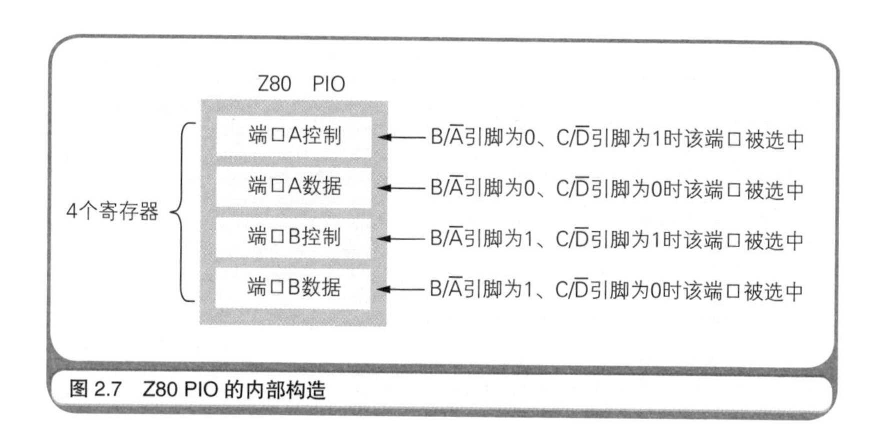

图 2.7 Z80 PIO 的内部构造

既然已经大体上了解了 Z80 PIO 的结构，下面就开始布线吧。因为 Z80 PIO 上也有 D0～D7 的数据总线引脚，所以先把它们和 Z80 CPU 中带有同样代号的引脚连接起来。这样 CPU 和 PIO 就能使用这 8 个引脚交换数据了。

接下来要把 Z80 PIO 的 $B/\overline{A}$ 和 $C/\overline{D}$ 引脚分别连接到 Z80 CPU 的地址总线引脚 A0 和 A1 上。若表示 IC 引脚作用的代号上划有横线，则表示通过赋予该引脚 0（0V）可使之有效，反之若没有横线，则表示通过赋予该引脚 1（+5V）可使之有效。因此若赋予 $B/\overline{A}$ 引脚 1 则表示选中 B，反之赋予 0 则表示选中 A。同样地，若赋予 $C/\overline{D}$ 引脚 1 则表示选中的是 C（C 即 Control，表示控制模式）；反之赋予 0 则表示选中的是 D（D 即 Data，表示数据模式）。

通过 Z80 CPU 的 A0～A7（00000000～11111111 共 256 个地址）地址总线引脚可以选择内存（TC5517）中的存储单元。同样地，使用 Z80 CPU 的 A0～A1（00～11 共 4 个地址）地址总线引脚也可以选择 I/O（Z80 PIO）中的寄存器。

Z80 CPU 的 A8～A15 地址总线引脚尚未使用，所以什么都不连接。在电路图中可以用代号 NC（No Connection，未连接）表示引脚什么都不连接。IC 上的引脚有些只用于输出，有些只用于输入，还有些是输入输出两用的。对于只用于输出的引脚，不需要使用时的处理方法是这个引脚什么都不连接；而对于只用于输入或输入输出两用的引脚，不需要使用时的处理方法则是把这个引脚上的电压固定成是 +5V 或 0V。

2.5 连接时钟信号

正如前文所述，Z80 CPU 和 Z80 PIO 的运转离不开时钟信号。为了传输时钟信号，就需要把时钟发生器的 8 号引脚和 Z80 CPU 的 CLK（CLK 即 Clock，时钟）引脚、Z80 PIO 的 CLK 引脚分别连接起来。时钟发生器的 8 号引脚与 +5V 之间的电阻用于清理时钟信号。

再插入一段题外话。诸位可以把 Z80 CPU 和 Z80 PIO 在时钟信号下运转的情景，想象成是它们在跟随着滴答滴答响的时钟同步做动作。据说19世纪英国的查尔斯·巴贝奇（Charles Babbage）曾向制造计算机的原型——分析机发起过挑战。分析机由齿轮组成，因当时科技水平的限制并未制造完成。可是如果把分析机改用电子元件制造出来的话，就是今天的计算机。

2.6　连接用于区分读写对象是内存还是I/O的引脚

至此，我们已经先后把Z80 CPU连接到了TC5517和Z80 PIO上，这两次连接都使用了地址总线引脚A0和A1。如果仅仅这样连接，就会导致一个问题，当地址的最后两位是00、01、10和11时，CPU就无法区分访问的是TC5517中的存储单元，还是Z80 PIO中的寄存器了。

Z80 CPU上的$\overline{\mathrm{MREQ}}$（即Memory Request，内存请求）引脚和$\overline{\mathrm{IORQ}}$（即I/O Request，I/O请求）引脚解决了这个问题。当Z80 CPU和内存之间有数据输入输出时，$\overline{\mathrm{MREQ}}$引脚上的值是0，反之则是1。当Z80 CPU和I/O之间有数据输入输出时，$\overline{\mathrm{IORQ}}$引脚上的值是0，反之则是1。

若把TC5517的$\overline{\mathrm{CE}}$（即Chip Enable，选通芯片）引脚设成0，则TC5517在电路中被激活，若设成1则从电路中隔离，因为此时TC5517进入了高阻抗状态，所以即便它上面的引脚已经接入了电路也不会接收任何电信号。在Z80 PIO中，则是通过将$\overline{\mathrm{CE}}$引脚和$\overline{\mathrm{IORQ}}$引脚同时设为0或1，来达到与TC5517的$\overline{\mathrm{CE}}$引脚相同的效果。若同时设为0，则Z80 PIO在电路中被激活，若同时设为1则从电路中隔离（之所以使用两个引脚是因为这样更适合使用了多个I/O的情况）。

按照上面的讲解，下面需要把Z80 CPU的$\overline{\mathrm{MREQ}}$引脚连接到TC5517的$\overline{\mathrm{CE}}$引脚上。然后把Z80 CPU的$\overline{\mathrm{IORQ}}$引脚连接到Z80 PIO的$\overline{\mathrm{CE}}$引脚和$\overline{\mathrm{IORQ}}$引脚上。请诸位先用红铅笔把这些引脚分别连接起来吧。

对内存和 I/O 而言，还必须要分清 CPU 是要输入数据还是输出数据。为此就要用到 Z80 CPU 的 $\overline{RD}$ 引脚（即 Read，表示输入，为 0 时执行输入操作）和 $\overline{WR}$ 引脚（即 Write，表示输出，为 0 时执行输出操作）了。请把 Z80 CPU 的 $\overline{RD}$ 引脚和 TC 5517 的 $\overline{RD}$ 引脚，Z80 CPU 的 $\overline{WR}$ 引脚和 TC5517 的 $\overline{WE}$ 引脚分别连接起来。Z80 PIO 虽然只有 $\overline{RD}$ 引脚，但由于数字 IC 引脚上的值要么是 0 要么是 1，所以只用 1 个 $\overline{RD}$ 引脚也能区分是输入还是输出，0 的话是输入，1 的话就是输出（如表 2.2 所示）。

表 2.2　与读写内存、I/O 相关的引脚上的值

Z80 CPU 的操作	$\overline{MREQ}$ 引脚	$\overline{IORQ}$ 引脚	$\overline{RD}$ 引脚	$\overline{WR}$ 引脚
从内存输入	0	1	0	1
向内存输出	0	1	1	0
从 I/O 输入	1	0	0	1
向 I/O 输出	1	0	1	0

2.7　连接剩余的控制引脚

CPU、内存、I/O 中不但有地址总线引脚、数据总线引脚，还有其他引脚，通常把这些引脚统称为“控制引脚”。之所以这样命名是因为这些引脚上输入输出的电信号具有控制 IC 的功能。现在 Z80 CPU 上只剩下 9 个控制引脚没有连接了，那么就再加把劲，继续用红铅笔把它们也连接到电路中吧。

首先把 Z80 CPU 的 $\overline{M1}$ 引脚（即 Machine Cycle 1，机器周期 1）和 $\overline{INT}$ 引脚（即 Interrupt，中断）与 Z80 PIO 上标有相同代号的引脚连接起来。$\overline{M1}$ 是用于同步的引脚，$\overline{INT}$ 引脚是用于从 Z80 PIO 向 Z80 CPU 发出中断请求的引脚。所谓中断就是让 CPU 根据外部输入的数据执行特定的程序。有关中断的详细内容将在第 4 章介绍，这里只需要先记住 I/O 可以中断 CPU 正在执行的程序的处理流程就可以了。

一旦把 Z80 CPU 的 $\overline{\text{RESET}}$ 引脚（即 Reset，重置）上的值先设成 0 再还原成 1，CPU 就会被重置，重新从内存 0 号地址上的指令开始顺序往下执行。重置 CPU 可以通过按键开关完成。按键开关需要经过电阻接在 +5V 和 0V 之间。请仔细地观察这一部分的电路图，可以看出 $\overline{\text{RESET}}$ 引脚上平时是 +5V（即 1）。当按下按键开关时，$\overline{\text{RESET}}$ 引脚就变成了 0V（即 0），而放开按键开关后又会回到 +5V（即 1）。电阻是为了防止短路而加入的，否则一旦按下了按键开关，+5V 和 0V 就会直接接到一起发生短路。像这样通过加入电阻把 +5V 和 0V 连接起来的方法在电路图中随处可见（如图 2.8 所示）。

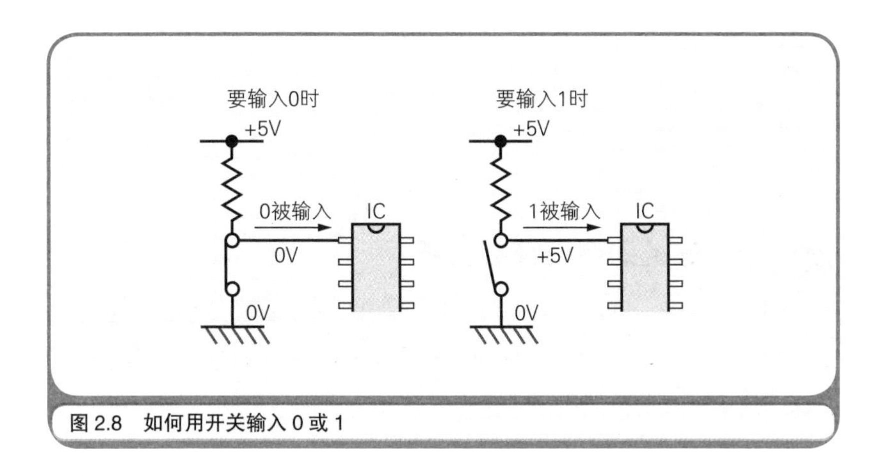

图 2.8　如何用开关输入 0 或 1

连接在 $\overline{\text{RESET}}$ 引脚上的电容，用于在电路接通电源时自动重置 CPU。电容就好像一个充电电池，具有储存电荷的功能。在通电后的一刹那，由于电容正在充电，所以 $\overline{\text{RESET}}$ 引脚上的电压并不会立刻上升到 +5V。而完成充电后，$\overline{\text{RESET}}$ 引脚的电压会变为 +5V，这样就相当于 $\overline{\text{RESET}}$ 引脚上的值从 0 变成了 1，重置了一次 CPU。

总线是连接到 CPU 中数据引脚、地址引脚、控制引脚上的电路的统称。使用快动开关可以使 Z80 CPU 的 $\overline{\text{BUSRQ}}$ 引脚（即 Bus Request，总线请求）上的值在 0 和 1 之间切换。若将 $\overline{\text{BUSRQ}}$ 引脚的值设为 0，则 Z80 CPU 从电路中隔离。当处于这种隔离状态时，就可以不通过 CPU，手动地向内存写入程序了。像这样不经过 CPU 而直接从外部设备读写内存的行为叫作 DMA（Direct Memory Access，直接存储器访问）。在诸位所使用的个人计算机里，硬盘等设备要读写内存时使用的就是 DMA。

当 Z80 CPU 从电路中隔离后，$\overline{\text{BUSAK}}$ 引脚（即 Bus Acknowledge，响应总线请求）上的值就会变成 0。也就是说，把 $\overline{\text{BUSRQ}}$ 引脚上的值设成 0 以后，还要确认 $\overline{\text{BUSAK}}$ 引脚上的值已经变成了 0，然后才能进行 DMA。请把 $\overline{\text{BUSAK}}$ 引脚分别连接到 4 个 74367 的 $\overline{\text{G1}}$ 和 $\overline{\text{G2}}$ 引脚上。有关 74367 的作用将在后面说明。

Z80 CPU 的其他控制引脚并未使用。所以要把 $\overline{\text{WAIT}}$ 引脚和 $\overline{\text{NMI}}$ 引脚上的值设为 1，即连接到 +5V 上。之所以在连接时加入电阻，是为了便于今后加入开关等元件。请诸位先记住一个词——上拉（Pull-up），指的就是像这样通过加入电阻把元件的引脚和 +5V 连接起来。剩下的 $\overline{\text{HALT}}$ 引脚和 $\overline{\text{RFSH}}$ 引脚什么都不连接。

Z80 PIO 的 PA0～PA7（PA 表示 Port A）以及 PB0～PB7（PB 表示 Port B）用于与外部设备进行输入输出，所以稍后要把它们分别连接到指拨开关和 LED 上。对于剩下的几个引脚可以这样处理：将 IEI 引脚上拉，IEO 引脚、$\overline{\text{ASTB}}$ 引脚、ARDY 引脚、$\overline{\text{BSTB}}$ 引脚和 BRDY 引脚则什么都不连接。

到此为止，Z80 CPU、TC5517、Z80 PIO 以及时钟发生器上要用到的引脚就都接入电路了。这意味着计算机主机系统的功能完成了。作为总结，表 2.3 汇总了这几块 IC 上引脚的作用以及电信号的输入输出方向（从各个 IC 的角度看）。

用红铅笔尝试布线的诸位觉得怎么样呢？虽然需要连接的电路有点多，但也并不是太复杂吧？其实计算机的工作原理非常简单。CPU 在时钟信号的控制下解释、执行内存中存储的程序，按照程序中的指令从内存或 I/O 中把数据输入到 CPU 中，在 CPU 内部进行运算，再把运算结果输出到内存或 I/O 中。无论是小型的微型计算机，还是高性能的个人计算机，其工作原理都是相同的。

表 2.3 Z80 CPU、TC5517、Z80 PIO 的引脚作用以及输入输出方向

Z80 CPU		
引脚的代号	方向	作用
A0～A15	输出	指定地址
D0～D7	输入输出	输入输出数据
$\overline{\text{MREQ}}$	输出	把输入输出对象设定为内存
$\overline{\text{IORQ}}$	输出	把输入输出对象设定为 I/O
$\overline{\text{RD}}$	输出	读取数据
$\overline{\text{WR}}$	输出	写入数据
$\overline{\text{BUSRQ}}$	输入	接收 DMA 请求
$\overline{\text{BUSAK}}$	输出	响应 DMA 请求
$\overline{\text{M1}}$	输出	用于同步
$\overline{\text{INT}}$	输入	接收中断请求
CLK	输入	接收时钟信号
$\overline{\text{RESET}}$	输入	重置
$\overline{\text{WAIT}}$	输入	（这里未使用）
$\overline{\text{NMI}}$	输入	（这里未使用）
$\overline{\text{HALT}}$	输出	（这里未使用）
$\overline{\text{RFSH}}$	输出	（这里未使用）

（续）

TC5517		
引脚的代号	方向	作用
A0～A10	输入	指定地址
D0～D7	输入输出	输入输出数据
$\overline{CE}$	输入	在电路中激活 IC
$\overline{RD}$	输入	读取数据
$\overline{WE}$	输入	写入数据

Z80 PIO		
引脚的代号	方向	作用
$B/\overline{A}$	输入	选择端口 B 或端口 A
$C/\overline{D}$	输入	选择控制模式或数据模式
D0～D7	输入输出	从 CPU 读取数据或向 CPU 写入数据
$\overline{CE}$	输入	在电路中激活 IC
$\overline{IORQ}$	输入	在电路中激活 IC
$\overline{M1}$	输入	用于同步
$\overline{INT}$	输出	发出中断请求
$\overline{RD}$	输入	选择是读取数据还是写入数据
CLK	输入	接收时钟信号
PA0～PA7	输入输出	从外部设备读取数据或向外部设备写入数据
PB0～PB7	输入输出	从外部设备读取数据或向外部设备写入数据
$\overline{ASTB}$	输入	（这里未使用）
ARDY	输出	（这里未使用）
$\overline{BSTB}$	输入	（这里未使用）
BRDY	输出	（这里未使用）
IEI	输入	（这里未使用）
IEO	输出	（这里未使用）

2.8　连接外部设备，通过 DMA 输入程序

下面我们继续布线，这次将计算机主机系统和外部设备连接起来。我们要使用 2 个指拨开关和 1 个按键开关，向地址总线引脚和数据总线引脚发送电信号，然后通过 DMA 将数据总线上的数据存储到内存。下面我们就先将这些元件连接到电路中。

首先将图 2.1 中右侧最上方的一个指拨开关连接到作为内存的 TC5517 的数据总线引脚 D0～D7 上。再将它下面紧挨着它的指拨开关连接到 TC5517 的地址总线引脚 A0～A7 上。接下来将用于控制内存写入的按键开关连接到 TC5517 的 $\overline{\mathrm{WE}}$ 引脚上。为了写入数据，还要将 TC5517 的 $\overline{\mathrm{RD}}$ 引脚上拉起来，连接到 +5V 上，然后把 $\overline{\mathrm{CE}}$ 引脚连接到 0V 上。把这些元件都连接起来以后，就可以拨动指拨开关，用二进制数设定地址总线引脚和数据总线引脚上的数据了。设定完后按下按键开关，数据就会被写入 TC5517 中。在 2 个指拨开关下方还有一个指拨开关，它通过电阻接到 +5V 以上，这样拨动这个指拨开关就可以输入 +5V 或 0V 的信号了。

但是如果这些开关直接连接到了 TC5517 的各个引脚上，在程序执行时，开关的状态就会对电路产生影响。因此要使用 74367，在程序执行时把开关从电路中隔离出来。74367 是一种叫作“三态总线缓冲器”的 IC。在这个 IC 的电路图符号中，有用三角形标志代表的缓冲器，表示使电信号从右向左直接通过。但是，只有在 74367 的 $\overline{\mathrm{G1}}$ 引脚和 $\overline{\mathrm{G2}}$ 引脚同时为 0 的时候，电信号才能通过。而当 $\overline{\mathrm{G1}}$ 引脚和 $\overline{\mathrm{G2}}$ 引脚同时为 1 时，74367 就会与电路隔离。

一旦打开了 Z80 CPU 的 $\overline{\mathrm{BUSRQ}}$ 引脚连接着的开关，就可以通过 $\overline{\mathrm{BUSAK}}$ 引脚输出 0 得知 CPU 进入了 DMA 状态。因此只要把 $\overline{\mathrm{BUSAK}}$ 引脚连接到 4 个 74367 的 $\overline{\mathrm{G1}}$ 引脚和 $\overline{\mathrm{G2}}$ 引脚上，就可以实现通过

DMA 向内存写入数据了。

2.9 连接用于输入输出的外部设备

布线终于快结束了。下面该轮到把最下方用于输入数据的指拨开关和 LED 连接到 Z80 PIO 上了。当微型计算机运行起来后，指拨开关可用于从外部输入数据，LED 可用于向外部输出数据。

用于输入数据的指拨开关，要连接到 Z80 PIO 的 PA0～PA7 引脚上。连接时没有使用 74367 是为了在程序运行中可以通过 Z80 PIO 从指拨开关获得输入的数据。

表示输出数据的 LED 要通过电阻连接到 +5V 上。这里的布线方法依据惯例，输入 0V 点亮 LED（如图 2.9 所示）。LED 要通过 7404 这样的 IC 连接到 Z80 PIO 的 PB0～PB7 引脚上。在 7404 的电路图符号中，末端带有一个小圆圈的三角形符号表示反相器，作用是将左侧输入的电信号反转后（即 0 变 1，1 变 0）输出到右侧。通过这样的设计，当 Z80 PIO 的 PB0～PB7 引脚上的值为 0 时 LED 就会熄灭，为 1 时 LED 就会点亮。

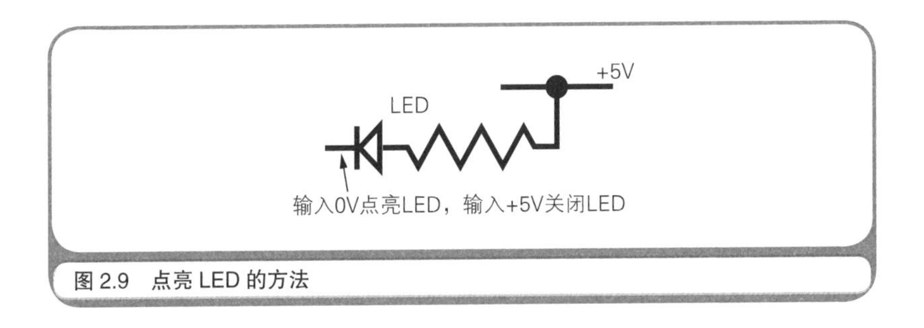

图 2.9 点亮 LED 的方法

是不是觉得忘记了什么呢？没错！ 74367 和 7404 上也都有 Vcc 引脚和 GND 引脚。请将它们分别连接到 +5V 和 0V 上。对于 74367 和

7404 中未使用的引脚（标有 NC 的引脚），或者什么都不连接，或者将它们连接到 GND 上。

2.10 输入测试程序并进行调试

微型计算机终于顺利地制作出来了，诸位辛苦了！微型计算机接上电源就能用了吗？其实还不能，因为尽管硬件组装好了，但若没有输入软件，计算机还是不能工作的。所以即使为微型计算机接通了电源，它也什么都执行不了。

下面就编写一段测试程序吧。编写时可以使用哪种编程语言呢？是 BASIC、C 语言，还是 Java 呢？其实这些语言都无法使用，因为作为计算机大脑的 CPU 只能解释执行一种编程语言，那就是靠罗列二进制数构成的机器语言（原生代码）。代码清单 2.1 展示了一段用机器语言编写的测试程序。程序是指令和数据的集合，表示指令或数据的数值是以 8 比特为一个单位存储到内存中的。这段程序只实现了一个简单的功能，那就是通过拨动连接到 Z80 PIO 上的指拨开关控制 LED 的亮或灭。有关机器语言的细节将在接下来的第 3 章中介绍。

代码清单 2.1 用机器语言编写的测试程序

```
地址          程序
00000000      00111110
00000001      11001111
00000010      11010011
00000011      00000010
00000100      00111110
00000101      11111111
00000110      11010011
00000111      00000010
00001000      00111110
00001001      11001111
00001010      11010011
00001011      00000011
00001100      00111110
```

```
00001101        00000000
00001110        11010011
00001111        00000011
00010000        11011011
00010001        00000000
00010010        11010011
00010011        00000001
00010100        11000011
00010101        00010000
00010110        00000000
```

接通了微型计算机的电源后，请按下 Z80 CPU 上的 DMA 请求开关。在这个状态下，拨动用于输入内存程序和指定内存输入地址的两个指拨开关，把代码清单 2.1 所示的程序一行接一行地输入内存。先来输入第一行代码，拨动用于指定地址的指拨开关，设定出第一行代码所在的内存地址 00000000，然后拨动用于输入程序的指拨开关，设定出程序代码 00111110。再然后按下用于向内存写入程序的按键开关。接下来输入第二行代码，设定出内存地址 00000001，设定出程序代码 11001111，再次按下按键开关。反复进行这三步操作，直至输入完程序代码的最后一行。所有的指令都输入完成后，按下用于重置 CPU 的按键开关，控制 DMA 请求的快动开关就会还原成关闭状态，与此同时程序也就运行起来了。“太棒了，终于成功了！”这真是令人激动的一瞬间啊（如照片 2.2 所示）。

程序一旦运行起来，就可以用用于输入数据的指拨开关控制 LED 的亮与灭。只要拨动指拨开关，LED 的亮灭就会随之改变。LED 并不会只亮一下，而是一直亮着，时刻保持着指拨开关上的状态。

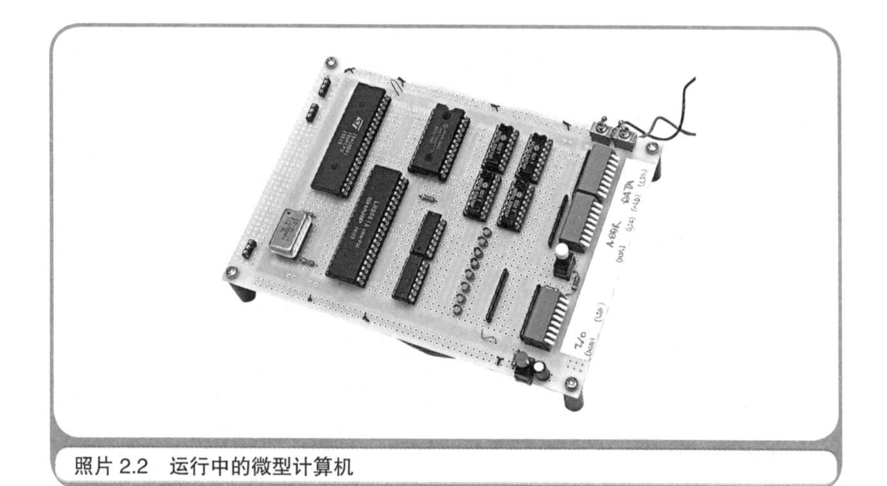

照片 2.2　运行中的微型计算机

☆　☆　☆

如今活跃在计算机行业第一线的工程师们，他们多数都在年轻的时候玩过微型计算机。诸位可以把这本书拿给他们看，他们也许会这样说：现在还有人玩这个？不过不管怎么说，对计算机理解程度的深浅还是和有没有制作过微型计算机有很大关系的。

笔者真的按照图 2.1 所示的电路图制作过微型计算机，收集零件就费了不少劲。而在单片机广泛应用的今天，CPU、I/O、内存都被集成到了一块 IC 上。可话又说回来，即便只是在纸上体验制作微型计算机的过程，也还是非常有益的。诸位在本章制作了微型计算机，想必这一体验定会加深诸位对计算机的理解，使诸位越来越喜欢计算机。

在接下来的第 3 章中，笔者会先用汇编语言为微型计算机编写程序，然后尝试“手工汇编”，即以手工作业的方式将这段程序转换成机器语言（原生代码）。敬请期待！

第3章 体验一次手工汇编

热身问答

在阅读本章内容前，让我们先回答下面的几个问题来热热身吧。

初级问题

什么是机器语言？

中级问题

通常把标识内存或 I/O 中存储单元的数字称作什么？

高级问题

CPU 中的标志寄存器（Flags Register）有什么作用？

怎么样？被这么一问，是不是发现有一些问题无法简单地解释清楚呢？下面，笔者就公布答案并解释。

答案

初级问题：由二进制数字构成的程序，CPU 可以直接对其解释、执行。

中级问题：标识内存或 I/O 中存储单元的数字叫作“地址”。

高级问题：用于在运算指令执行后，存储运算结果的某些状态。

解释

初级问题：不仅是汇编语言，用 C 语言、Java、BASIC 等编程语言编写的程序，也都需要先转换成机器语言才能被执行。机器语言有时也叫作“原生代码”（Native Code）。

中级问题：内存中有多个数据存储单元。计算机用从 0 开始的编号标识每个存储单元，这些编号就是地址（Address）。I/O 中的寄存器也可以用地址来标识。哪个寄存器对应哪个地址，取决于 CPU 和 I/O 之间的布线方式。

高级问题：Flag 的本意是“旗子”，这里引申为“标志”。一旦执行了算术运算、逻辑运算、比较运算等指令后，标志寄存器并不会存放运算结果的值，而是会把运算后的某些状态存储起来，例如运算结果是否为 0、是否产生了负数、是否有溢出（Overflow）等。

本章重点

本章的目标是通过编写程序使诸位亲身体验计算机的运行机制。为了达到这个目的，就需要使用一种叫作“汇编语言”的编程语言来编写程序，然后再把编好的程序通过手工作业转换成 CPU 可以直接执行的机器语言。

这样的转换工作叫作“手工汇编”(Hand Assemble)。也许会有人觉得听起来就好像挺麻烦的，事实上也的确如此，但是还是希望所有和计算机相关的技术人员都能亲身体验一下用汇编语言编程和手工汇编。

这次体验应该能加深诸位对计算机的理解，使诸位犹如拨云见日，找到长期困惑着自己的问题的答案，不仅能因“我能看懂程序了”而获得成就感，更能因发现“计算机原来很简单啊”而信心倍增。虽然本章的主题稍有些复杂，但是笔者会放慢讲解的步伐，还请诸位努力跟上。

3.1 从程序员的角度看硬件

为了体验手工汇编，下面我们就为在第 2 章制作的微型计算机编写一个程序吧。因为程序的作用是驱动硬件工作，所以在编写程序之前必须要先了解微型计算机的硬件信息。然而真正需要了解的硬件信息只有以下 7 种 (如图 3.1 所示)，所以没有必要在编程时还总是盯着详细的电路图看。

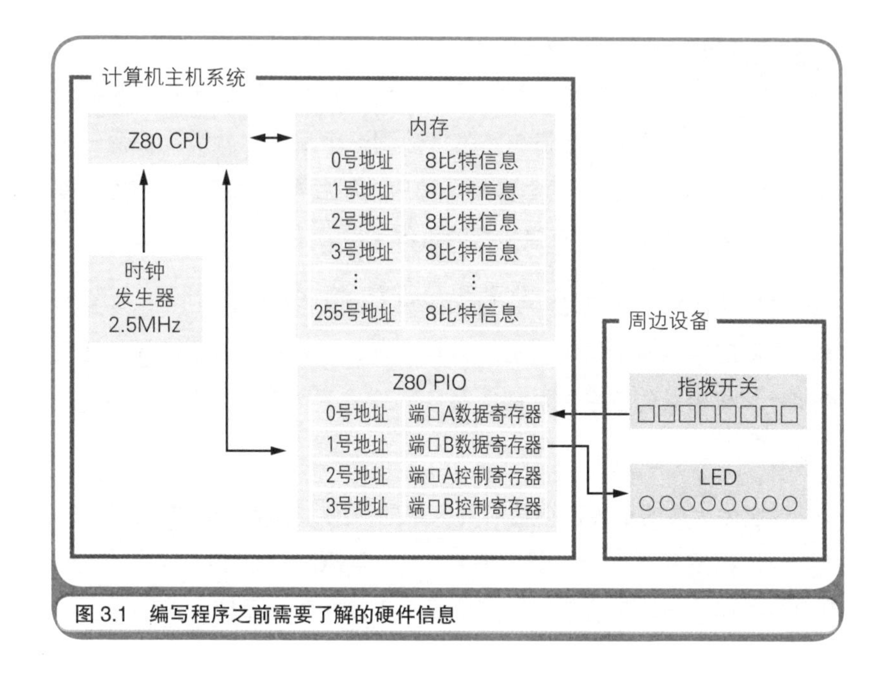

图 3.1 编写程序之前需要了解的硬件信息

【CPU(处理器)信息】

- CPU 的种类
- 时钟信号的频率

【内存信息】

- 地址空间
- 每个地址中可以存储多少比特的信息

【I/O 信息】

- I/O 的种类
- 地址空间
- 连接着何种周边设备

可以使用哪种机器语言取决于 CPU(也称作处理器)的种类。所谓机器语言就是只用 0 和 1 两个二进制数书写的编程语言。即便是相同的机器语言，例如 01010011，只要 CPU 的种类不同，对它的解释也就不同。有的 CPU 会把它解释成是执行加法运算，有的 CPU 会把它解释成是向 I/O 输出。这就好比同样是 man 这个词，有的人会理解成“慢”，有的人会理解成“男人”。

由于微型计算机上的 CPU 是 Z80 CPU，所以就要使用适用于 Z80 CPU 的机器语言。顾名思义，机器语言就是处理器可以直接理解（与生俱来就能理解）的编程语言。机器语言有时也叫作原生代码（Native Code）。

所谓时钟信号的频率，就是由时钟发生器发送给 CPU 的电信号的频率。表示时钟信号频率的单位是 MHz（兆赫兹 = 100 万回 / 秒）。微型计算机使用的是 2.5MHz 的时钟信号。时钟信号是在 0 和 1 两个数之间反复变换的电信号，就像滴答滴答左右摆动的钟摆一样。通常把发出一次滴答的时间称作一个时钟周期。

在机器语言当中，指令执行时所需要的时钟周期数取决于指令的类型。程序员不但可以通过累加时钟周期数估算程序执行的时间，还可以仅在特定的时间执行点亮 LED（发光二极管）等操作。

每个地址都标示着一个内存中的数据存储单元，而这些地址所构成的范围就是内存的地址空间。在我们的微型计算机中，地址空间为 0～255，每一个地址中可以存储 8 比特（1 字节）的指令或数据。

连接着的 I/O 的种类，就是指连接着微型计算机和周边设备的 I/O 的种类。在微型计算机中，只安装了一个 I/O，即上面带有 4 个 8 比特寄存器的 Z80 PIO。只要用 CPU 控制 I/O 的寄存器，就可以设定 I/O 的功能，与周边设备进行数据的输入输出。

所谓I/O的地址空间，是指用于指定I/O寄存器的地址范围。在Z80 PIO上，地址空间为0～3，每一个地址对应一个寄存器。

在内存中，每个地址的功能都一样，既可用于存储指令又可用于存储数据。而I/O则不同，地址编号不同（即寄存器的类型不同），功能也就不同。在微型计算机中，是这样分配Z80 PIO上的寄存器的：端口A数据寄存器对应0号地址，端口B数据寄存器对应1号地址，端口A控制寄存器对应2号地址，端口B控制寄存器对应3号地址。端口A数据寄存器和端口B数据寄存器存储的是与周边设备进行输入输出时所需的数据。其中，端口A连接用于输入数据的指拨开关，端口B连接用于输出数据的LED。而端口A控制寄存器和端口B控制寄存器则存储的是用于设定Z80 PIO功能的参数。

3.2 机器语言和汇编语言

请看代码清单3.1中列出的机器语言程序，这段程序在第2章中已经介绍过了，功能是把由指拨开关输入的数据输入CPU，然后CPU再把这些数据原封不动地输出到LED。也就是说，可以通过拨动指拨开关控制LED的亮或灭。

代码清单3.1 点亮LED的机器语言程序

```
地址          机器语言
00000000      00111110
00000001      11001111
00000010      11010011
00000011      00000010
00000100      00111110
00000101      11111111
00000110      11010011
00000111      00000010
00001000      00111110
00001001      11001111
00001010      11010011
```

```
00001011        00000011
00001100        00111110
00001101        00000000
00001110        11010011
00001111        00000011
00010000        11011011
00010001        00000000
00010010        11010011
00010011        00000001
00010100        11000011
00010101        00010000
00010110        00000000
```

这段由 8 比特二进制数构成的机器语言程序总共 23 个字节。若把这些字节一个接一个地依次写入内存中，所占据的内存空间就是 00000000～00010110。一旦重置了 CPU，CPU 就会从 0 号地址开始顺序执行这段程序。

在机器语言程序中，虽然到处都是 0 和 1 的组合，但是每个组合都是有特定含义的指令或数据。可是对人来说，如果只看 0 和 1 的话，恐怕很难判断各个组合都表示什么。

于是就有人发明出了一种编程方法，根据表示指令功能的英语单词起一个相似的昵称，并将这个昵称赋予给 0 和 1 的组合。这种类似英语单词的昵称叫作“助记符”，使用助记符的编程语言叫作“汇编语言”。无论是使用机器语言还是汇编语言，所实现的功能都是一样的，区别只在于程序是用数字表示，还是用助记符表示。也就是说，如果理解了汇编语言，也就理解了机器语言，更进一步也就理解了计算机的原始的工作方式。

代码清单 3.1 中的机器语言可以转换成如代码清单 3.2 所示的汇编语言。汇编语言的语法十分简单，以至于语法只有一个，即把“标签”“操作码（指令）”和“操作数（指令的对象）”并排写在一行上，仅此而已。

代码清单 3.2 用汇编语言的代码表示代码清单 3.1 中的机器语言

```
标签          操作码          操作数
              LD              A, 207
              OUT             (2), A
              LD              A, 255
              OUT             (2), A
              LD              A, 207
              OUT             (3), A
              LD              A, 0
              OUT             (3), A
LOOP:         IN              A, (0)
              OUT             (1), A
              JP              LOOP
```

标签的作用是为该行代码对应的内存地址起一个名字。编程时如果总要考虑"这一行的内存地址是什么来着?"就会很不方便，所以在汇编语言中用标签来代替地址。用汇编语言编程时可以在任何需要标签的地方"贴上"名称任意的标签。在代码清单 3.2 所示的程序中，使用了名称为"LOOP"的标签。

操作码就是表示"做什么"的指令。因为用助记符表示的指令是英语单词的缩写，比如 LD 是 Load（加载）的缩写，所以多多少少能猜出其中的含义。汇编语言中提供了多少种助记符，CPU 就有多少种功能。Z80 CPU 的指令全部加起来有 70 条左右。这里先把主要的指令列在表 3.1 中，请诸位粗略地浏览一下。在浏览的过程中请注意这些指令的分类，按功能这些指令可以分成运算、与内存的输入输出和与 I/O 的输入输出三类。这是因为计算机能做的事也只有输入、运算、输出这三种了。

操作数表示的是指令执行的对象。CPU 的寄存器、内存地址、I/O 地址或者直接给出的数字都可以作为操作数。如果某条指令需要多个操作数，那么它们之间就要用逗号分割。操作数的个数取决于指令的种类。也有不需要操作数的指令，比如用于停止 CPU 运转的 HALT 指令。

汇编语言的语法和英语祈使句的语法很像。若对比英语的祈使句 Give me money 和汇编语言的语句，就可以看出在英语的祈使句中，一开头放置了一个表示“做什么”的动词，这个动词就相当于汇编语言中的操作码。在动词后面放置了一个表示“动作作用到什么上”的宾语，这个宾语就相当于汇编语言中的操作数。因为程序的作用是向 CPU 发出指令，而且编程语言又是由说英语的人发明的，所以编程语言与英语祈使句类似也就不足为奇了。

构成机器语言的是二进制数，而在汇编语言中，则使用十进制数和十六进制数记录数据。若仅仅写出 123 这样的数字，表示的就是十进制数；而像 123H 这样在数字末尾加上了一个 H（H 表示 Hexadecimal，即十六进制数），表示的就是十六进制数。在代码清单 3.2 所示的程序中，使用的都是十进制数。

在表 3.1 中有这样几条指令希望诸位注意。在第 2 章中介绍过，Z80 CPU 的 $\overline{\text{MREQ}}$ 引脚和 $\overline{\text{IORQ}}$ 引脚实现了一种能区分输入输出对象的机制，可以区分出使用着相同内存地址的内存和 I/O。在汇编语言中，读写内存的指令不同于读写 I/O 的指令。一旦执行了读写内存的指令，比如 LD 指令，$\overline{\text{MREQ}}$ 引脚上的值就会变为 0，于是内存被选为输入输出的对象；而一旦执行了读写 I/O 的指令，比如 IN 或 OUT 指令，$\overline{\text{IORQ}}$ 引脚上的值就会变为 0，于是 I/O（这里用的是 Z80 PIO）被选为输入输出的对象。

表 3.1 Z80 CPU 中的主要指令

指令的种类	助记符	功能
运算指令	ADD A, num	把数值 num 加到寄存器 A 的值上
	ADD A, reg	把寄存器 reg 的值加到寄存器 A 的值上
	SUB num	从寄存器 A 的值中减去数值 num
	SUB reg	从寄存器 A 的值中减去寄存器 reg 的值
	INC reg	将寄存器 reg 的值加 1
	DEC reg	将寄存器 reg 的值减 1
	AND num	计算寄存器 A 的值和数值 num 的逻辑积
	AND reg	计算寄存器 A 的值和寄存器 reg 的值的逻辑积
	OR num	计算寄存器 A 的值和数值 num 的逻辑和
	OR reg	计算寄存器 A 的值和寄存器 reg 的值的的逻辑和
	XOR num	计算寄存器 A 的值和数值 num 的逻辑异或
	XOR reg	计算寄存器 A 的值和寄存器 reg 的值的逻辑异或
	SLA reg	对寄存器 reg 的值进行算数左移运算
	SRA reg	对寄存器 reg 的值进行算数右移运算
	SRL reg	对寄存器 reg 的值进行逻辑右移运算
	CP num	比较寄存器 A 的值和数值 num 的大小
	CP reg	比较寄存器 A 的值和寄存器 reg 的值的大小
内存与 CPU 之间的输入输出指令	LD reg, num	把数值 num 写入到寄存器 reg 中
	LD reg1, reg2	把寄存器 reg2 的值写入到寄存器 reg1 中
	LD (num), reg	把寄存器 reg 的值写入到地址 num 上
	LD (reg1), reg2	把寄存器 reg2 的值写入到存放在寄存器 reg1 中的地址上
	PUSH reg	把寄存器 reg 的值写入到栈中
	POP reg	把由栈顶读出的数据存放到寄存器 reg 中
I/O 与 CPU 之间的输入输出指令	IN A, (num)	从地址 num 中读出数据，存放到寄存器 A 中
	IN reg, (C)	从存储在寄存器 C 中的地址上读出数据，存放到寄存器 reg 中
	OUT (num), A	把寄存器 A 的值写入到地址 num 上
	OUT (C), reg	把寄存器 reg 的值写入到存储在寄存器 C 中的地址上
程序流程控制指令	JP num	使程序的流程跳转到地址 num 上，接下来从那个地址上的指令开始执行
	CALL num	调用存放在地址 num 上的子例程
	RET	从子例程中返回
	HALT	中止 CPU 的运行

num：表示 1 个数值，(num)：表示值为 num 的地址

reg、reg1、reg2：名为 reg、reg1、reg2 的寄存器，(reg)：存储在名为 reg 的寄存器中的地址

3.3 Z80 CPU 的寄存器结构

这里先稍微复习一下第 2 章的内容。计算机的硬件有三个基本要素，CPU、内存和 I/O。CPU 负责解释、执行程序，从内存或 I/O 输入数据，在内部进行运算，再把运算结果输出到内存或 I/O。内存中存放着程序，程序是指令和数据的集合。I/O 中临时存放着用于与周边设备进行输入输出的数据。

复习就到这里，下面就来扩充所学到的知识吧。既然数据的运算是在 CPU 中进行的，那么在 CPU 内部就应该有存储数据的地方。这种存储数据的地方叫作“寄存器”。虽然也叫寄存器，但是与 I/O 的寄存器不同，CPU 的寄存器不仅能存储数据，还具备对数据进行运算的能力。CPU 带有什么样的寄存器取决于 CPU 的种类。Z80 CPU 所带有的寄存器如图 3.2 所示[①]。A、B、C、D 等字母是寄存器的名字。在汇编语言当中，可以将寄存器的名字指定为操作数。

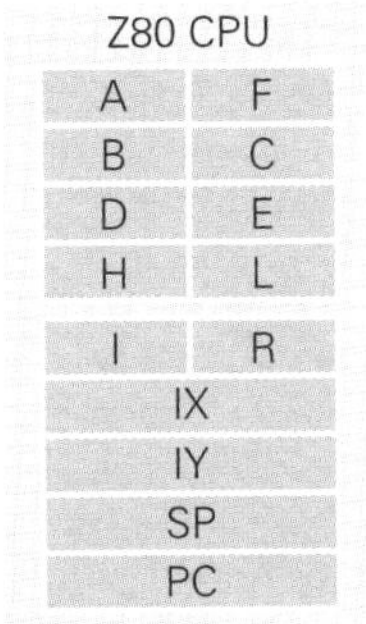

Z80 CPU

A	F
B	C
D	E
H	L
I	R
IX	
IY	
SP	
PC	

图 3.2　Z80 CPU 的寄存器

① A、B、C、D、E、F、H、L 每个寄存器都带有一个辅助寄存器，本节省略了对它们的介绍。

IX、IY、SP、PC 这 4 个寄存器的大小是 16 比特，其余寄存器的大小都是 8 比特。寄存器的用途取决于它的类型。有的指令只能将特定的寄存器指定为操作数。

举例来说，A 寄存器也叫作“累加器”，是运算的核心。所以连接到它上面的导线也一定会比其他寄存器的多。F 寄存器也叫作“标志寄存器”，用于存储运算结果的状态，比如是否发生了进位，数字大小的比较结果等。PC 寄存器也叫作“程序指针”，存储着指向 CPU 接下来要执行的指令的地址。PC 寄存器的值会随着滴答滴答的时钟信号自动更新，可以说程序就是依靠不断变化的 PC 寄存器的值运行起来的。SP 寄存器也叫作“栈顶指针”，用于在内存中创建出一块称为“栈”的临时数据存储区域。

既然诸位已经熟悉了寄存器的功能，下面笔者就开始介绍代码清单 3.2 的内容。这段程序大体上可以分为两部分——“设定 Z80 PIO”和“与 Z80 PIO 进行输入输出”。Z80 PIO 带有两个端口（端口 A 和端口 B），用于与周边设备输入输出数据。首先必须为每个端口设定输入输出模式。这里端口 A 用于接收由指拨开关输入的数据，为了实现这个功能，需要如下的代码。

```
LD  A, 207
OUT (2), A
LD  A, 255
OUT (2), A
```

这里的 207 和 255 是连续向 Z80 PIO 的端口 A 控制寄存器（对应该 I/O 的地址编号为 2）写入的两个数据。虽然使用 OUT 指令可以向 I/O 写入数据，但是不能直接把 207、255 这样的数字作为 OUT 指令的操作数。操作数必须是已存储在 CPU 寄存器中的数字，这是汇编语言的规定。

于是，先通过指令“LD A, 207”把数字 207 读入到寄存器 A 中，再通过指令“OUT (2), A”把寄存器 A 中的数据写入到 I/O 地址所对应的寄存器中。像“(2)”这样用括号括起来的数字，表示的是地址编号。端口 A 控制寄存器的 I/O 地址是 2 号。

一旦把 207 写入到端口 A 控制寄存器，Z80 PIO 就明白了:“哦，想要设定端口 A 的输入输出模式啊。”而通过接下来写入的 255，Z80 PIO 就又知道:“哦，要把端口 A 设定为输入模式啊。”

同样地，通过下面的程序可以将端口 B 设定为输出模式。

```
LD  A, 207
OUT (3), A
LD  A, 0
OUT (3), A
```

先把 207 写入到端口 B 控制寄存器（对应的 I/O 地址为 3 号），然后写入 0。这个 0 表示要把端口 B 设定为输出模式。应该使用什么样的数字设定端口，在 Z80 PIO 的资料上都有说明。用 207、255、0 这样的数字来表示功能设定参数，这也是为了适应计算机的处理方式。

完成了 Z80 PIO 的设定后，就进入了一段死循环处理，用于把由指拨开关输入的数据输出到 LED。为了实现这个功能，需要如下的代码。

```
LOOP: IN  A, (0)
      OUT (1), A
      JP  LOOP
```

“IN A, (0)”的作用是把数据由端口 A 数据寄存器（连接在指拨开关上，对应的 I/O 地址为 0 号）输入到 CPU 的寄存器 A。“OUT (1), A”

的作用是把寄存器 A 的值输出到端口 B 数据寄存器上（连接在 LED 上，对应的 I/O 地址为 1 号）。

“JP LOOP”的作用是使程序的流程跳转到 LOOP（笔者随意起的一个标签名）标签所标识的指令上。JP 是 Jump 的缩写。“IN A, (0)”所在行的开头有一个标签“LOOP:”，代表着这一行的内存地址。正如刚才所讲的那样，在用汇编语言编程时，如果老想着“这一行对应的内存地址是什么来着？”就会很不方便，所以就要用“LOOP:”这样的标签代替内存地址。当把标签作为 JP 指令的操作数时，标签名的结尾不需要冒号“:”，但是在设定标签时，标签名的结尾则需要加上一个冒号，这一点请诸位注意。

3.4 追踪程序的运行过程

用汇编语言编写的程序是不能直接运行的，必须先转换成机器语言。机器语言是唯一一种 CPU 能直接理解的编程语言。从汇编语言到机器语言的转换方法将在稍后介绍，这里先来看一下代码清单 3.3，里面列出了事先转换出来的机器语言，以及对应的汇编语言。1 条汇编语言的指令所对应的机器语言由多个字节构成。而且，同样是汇编语言中的 1 条指令，有的指令对应着 1 个字节的机器语言，有的指令则对应着多个字节的机器语言。转换而成的机器语言有多少个字节取决于汇编语言指令的种类以及操作数的个数。代码清单 3.3 中第一个内存地址是 00000000（0 号地址），下一个地址是 00000010（2 号地址），中间跳过了 1 个地址，这说明如果从 0 号地址开始存储一条 2 字节的机器语言，那么下一条机器语言就从 2 号地址开始存储。

下面就一边看着代码清单 3.3，一边跟随着 CPU 解释、执行机器语言程序吧。在这里，我们假设机器语言的程序是像代码清单 3.3 那样被存储在内存中的。

一旦重置了 CPU，00000000 就会被自动存储到 PC 寄存器中，这意味着接下来 CPU 将要从 00000000 号地址读出程序。首先 CPU 会从 00000000 号地址读出指令 00111110，判断出这是一条由 2 个字节构成的指令，于是接下来会从下一个地址（即 00000001，1 号地址，代码清单 3.3 中并没有标记出该地址本身）读出数据 11001111，把这两个数据汇集到一起解释、执行。执行的指令是把数值 207 写入到寄存器 A，用汇编语言表示的话就是“LD A, 207”。这时，由于刚刚从内存读出了一条 2 字节的指令（占用 2 个内存地址），所以 PC 寄存器的值要增加 2，并接着从 00000010 号地址读出指令，解释并执行。

接下来的流程与此类似，通过反复进行“读取指令”“解释、执行指令”“更新 PC 寄存器的值”这 3 个操作，程序就能运行起来了。一旦执行完最后一行的 JP LOOP 所对应的机器语言，PC 寄存器的值就会被设为标签 LOOP 对应的地址 00010000，这样就可以循环执行同样的操作。请诸位重点观察 PC 寄存器是如何控制程序流程的。

代码清单 3.3　汇编语言与机器语言的对应关系

```
地址      机器语言                                标签    操作码     操作数
00000000  00111110 11001111                               LD         A, 207
00000010  11010011 00000010                               OUT        (2), A
00000100  00111110 11111111                               LD         A, 255
00000110  11010011 00000010                               OUT        (2), A
00001000  00111110 11001111                               LD         A, 207
00001010  11010011 00000011                               OUT        (3), A
00001100  00111110 00000000                               LD         A, 0
00001110  11010011 00000011                               OUT        (3), A
00010000  11011011 00000000                       LOOP:   IN         A, (0)
00010010  11010011 00000001                               OUT        (1), A
00010100  11000011 00010000 00000000                      JP         LOOP
```

3.5　尝试手工汇编

在 CPU 的资料中，明确写有所有可以使用的助记符，以及助记符转换成机器语言后的数值。只要查看这些资料，就可以把用汇编语言编写的程序手工转换成机器语言的程序，这样的工作称为“手工汇编”。进行手工汇编时，要一行一行地把用汇编语言编写的程序转换成机器语言。下面就实际动手试一试吧。表 3.2 列出了汇编语言中必要指令的助记符、助记符所对应的机器语言，以及执行这些机器语言所需的时钟周期数。

表 3.2　从助记符到机器语言的转换方法

助记符	机器语言	时钟周期数
LD A, num	00111110 num	7
OUT (num), A	11010011 num	11
IN A, (num)	11011011 num	11
JP num	11000011 num	10

下面就从汇编语言的第 1 行开始转换。第一行的“LD A, 207”匹配“LD A, num”这个模式，所以可以先转换成“00111110 num”。然后将十进制数的 207 转换成 8 比特的二进制数，用这个二进制数替换 num。使用 Windows 自带的计算器程序就可以很方便地把十进制数转换成二进制数。从 Windows 的开始菜单中选择“运行”，输入 calc 后点击“确定”按钮，就可以启动计算器程序。

接下来，从计算器的“查看”菜单中选择“科学型”，这样就得到了一个可以用十进制数或二进制数表示数字的计算器了。首先选中“十进制”单选框，然后输入 207，接下来选中“二进制”单选框，这样 207 就变成了二进制数的 11001111（如图 3.3 所示）。至此，“LD A, 207”就转换成了机器语言 00111110 11001111。由于这条指令存储在内存最开始的部分（00000000 号地址），所以要把这条指令和内存地址像下面这样并排写下来。

```
地址        汇编语言        机器语言
00000000   LD A, 207      00111110 11001111
```

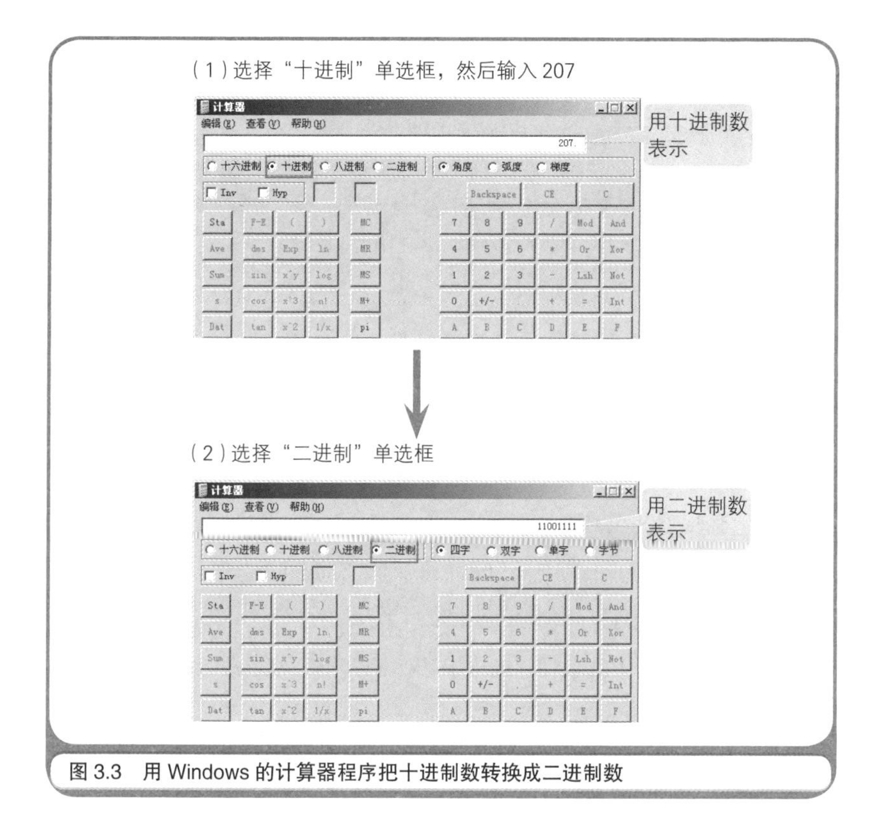

图 3.3　用 Windows 的计算器程序把十进制数转换成二进制数

第 2 条指令“OUT (2), A”匹配“OUT (num), A”这个模式，所以可以先转换成“11010011 num”。然后把 num 的部分替换成 00000010，即用 8 比特的二进制数表示的十进制数 2，最终就得到了机器语言“11010011 00000010”。因为内存中已经存储了 2 字节的机器语言，所以这条机器语言要从 00000010 号地址（用十进制表示的话就是 2 号地址）开始记录。

```
地址        汇编语言        机器语言
00000010    OUT (2), A     11010011 00000010
```

这之后由于 LD 指令和 OUT 指令又以相同的模式出现了 3 次，所以可以用相同的步骤转换成机器语言。请诸位注意，机器语言中每条语句的字节数是多少，内存地址就相应地增加多少。

```
地址        汇编语言        机器语言
00000100    LD A, 255      00111110 11111111
00000110    OUT (2), A     11010011 00000010
00001000    LD A, 207      00111110 11001111
00001010    OUT (3), A     11010011 00000011
00001100    LD A, 0        00111110 00000000
00001110    OUT (3), A     11010011 00000011
```

接下来是“IN A, (0)”匹配“IN A, (num)”这个模式，所以可以先转换成“11011011 num”。然后把 num 替换成 00000000，即用 8 比特的二进制数表示的十进制数 0，最终就得到了机器语言“11011011 00000000”。对于接下来的“OUT (1), A”，也可以按照同样的方法转换。

```
地址        汇编语言        机器语言
00010000    IN A, (0)      11011011 00000000
00010010    OUT (1), A     11010011 00000001
```

最后一句的 JP LOOP 匹配模式“JP num”，所以可以先转换成“11000011 num”。请注意这里要用 16 比特的二进制数替代作为内存地址的 num。在微型计算机中是以 8 比特为单位指定内存地址的，但在 Z80 CPU 中用于设定内存地址的引脚却有 16 个，所以在机器语言中也要用16比特的二进制数设定内存地址。JP指令跳转的目的地为00010000，即"LOOP:"标签所标示的语句"LD A, 0"对应的内存地址。把这个地址扩充为16比特就是"00000000 00010000"。要扩充到16位，只需要把高8位全部设为0就可以了。

还有一点希望诸位注意，在将一个2字节的数据存储到内存时，存储顺序是低8位在前、高8位在后（也就是逆序存储）。这样的存储顺序叫作"小端序"（Little Endian），与此相反，将数据由高位到低位顺序地存储到内存的存储顺序则叫作"大端序"（Big Endian）。根据CPU种类的不同，有的CPU使用大端序，有的CPU使用小端序。Z80 CPU使用的是小端序，因此JP LOOP对应的机器语言为"11000011 00010000 00000000"。

```
地址        汇编语言        机器语言
00010100    JP LOOP         11000011 00010000 00000000
```

手工汇编至此就结束了。自己写的汇编语言程序，又通过自己的双手转换成了机器语言，我们应该为此感到骄傲。

3.6 尝试估算程序的执行时间

在本章的最后，介绍一下如何通过时钟周期数估算程序的执行时间。请先向前翻到表3.2，找出执行每条汇编语言指令所需的时钟周期数。然后把代码清单3.2中所用到的每条指令的时钟周期数累加起来。于是可以算出到LOOP标签为止的8条指令共需要7 + 11 + 7 + 11 + 7 + 11 + 7 + 11 = 72个时钟周期；LOOP标签之后的3条指令共需要11 + 11 + 10 = 32个时钟周期。因为微型计算机采用的是2.5MHz的晶振，也就是1秒可以产生250万个时钟周期，所以每个时钟周期是1秒 ÷ 250万 = 0.0000004秒 = 0.4微秒。72个时钟周期就是72 × 0.4 = 28.8微秒；

32 个时钟周期就是 12.8 微秒。这段程序是用 LED 的亮或灭来表示指拨开关的开关状态，所以 LOOP 标签之后所执行的操作"输入、输出、跳转"每 1 秒可以反复执行 1 秒 ÷ 12.8 微秒 / 次 = 78125 次之多，可见计算机的计算速度有多么惊人。

☆　☆　☆

比起 C 语言或 BASIC 等高级语言，汇编语言的语法简单、指令数少，说不定会更加容易学习，可是今天还在使用汇编语言的人却是凤毛麟角了。使用汇编语言编程时，因为要事无巨细地列出计算机的行为，所以程序会变得冗长繁复。因此诸位只在纸上体验汇编语言、机器语言以及手工汇编就足够了。只要具备了这些知识，即便是用 C 语言或 BASIC 等编程语言编程时，也一样能感受到计算机底层的工作方式，也就是说变得更加了解计算机了。

在接下来的第 4 章中，笔者将要介绍条件分支和循环等"程序的流程"，还会稍微介绍一些有关"算法"的内容。敬请期待！

第4章 程序像河水一样流动着

热身问答

在阅读本章内容前，让我们先回答下面的几个问题来热热身吧。

初级问题

Flow Chart 的中文意思是什么？

中级问题

请说出自然界中河流的三种流动方式。

高级问题

事件驱动是什么？

怎么样？被这么一问，是不是发现有一些问题无法简单地解释清楚呢？下面，笔者就公布答案并解释。

初级问题：流程图。

中级问题：向着一个方向流淌；流着流着产生支流；卷成漩涡。

高级问题：用户的操作等产生事件后，由事件决定程序的流程。

解释

初级问题：流程图（Flow Chart）是指用图的形式表示程序的流程。

中级问题：与河流的流动方式一样，程序的流程也分为三种。在程序中，把犹如水流向着一个方向流淌的流程称作“顺序执行”；把犹如水流流着流着产生了支流的流程称作“条件分支”；把犹如水流卷成漩涡的流程称作“循环”。

高级问题：Windows应用程序的运行就是由事件驱动的。例如，选择“打开文件”菜单项就能打开一个窗口，在里面可以指定要打开文件的名称和存储位置。之所以能够这样是因为一旦触发了“选中了菜单项”这个事件，程序的流程就相应地流转到了处理打开窗口的那部分。

本章重点

本章的主题是程序的流程。程序员一般都是先考虑程序的流程再开始编写程序的。只有编写过程序的人才能体会到“程序是流动着的”。一个人编写的程序如果不能按照预期运行，就说明他还没有很好地掌握“程序是流动着的”这一概念。

为什么说“程序是流动着的”呢？因为作为计算机大脑的 CPU 在同一时刻基本上只能够解释、执行一条指令。把指令和作为指令操作对象的数据排列起来就形成了程序。请想象把若干条指令一条挨一条地依次排列到一条长长的纸带上。然后把这条纸带展开抻平，从顶端开始依次解释并执行上面的每条指令，这样看起来程序就好像流动起来了。这就是程序的流程。但是程序的流程并不是只有这一种。那么下面笔者就先介绍一下程序流程的种类吧。

4.1 程序的流程分为三种

诸位读到此处，应该能够从硬件上想像出计算机的运作方式了吧。计算机的硬件系统由 CPU、I/O 和内存三部分构成。内存中存储着程序，也就是指令和数据。CPU 配合着由时钟发生器发出的滴答滴答的时钟信号，从内存中读出指令，然后再依次对其进行解释和执行。

CPU 中有各种各样的各司其职的寄存器。其中有一个被称为 PC（Program Counter，程序计数器）的寄存器，负责存储内存地址，该地址指向下一条即将执行的指令。每解释执行完一条指令，PC 寄存器的值就会自动被更新为下一条指令的地址。

PC 寄存器的值在大多数情况下只会增加。下面假设 PC 寄存器正指向内存中一个从 10 号地址开始的 3 字节指令。CPU 解释执行完这条指令后，PC 寄存器中的值就变成 10+3=13 了。也就是说，程序基本上是从内存中的低地址（编号较小的地址）开始，向着高地址（编号较大的地址）流下去的 。我们把程序的这种流动称为“顺序执行”（如图 4.1 所示）。

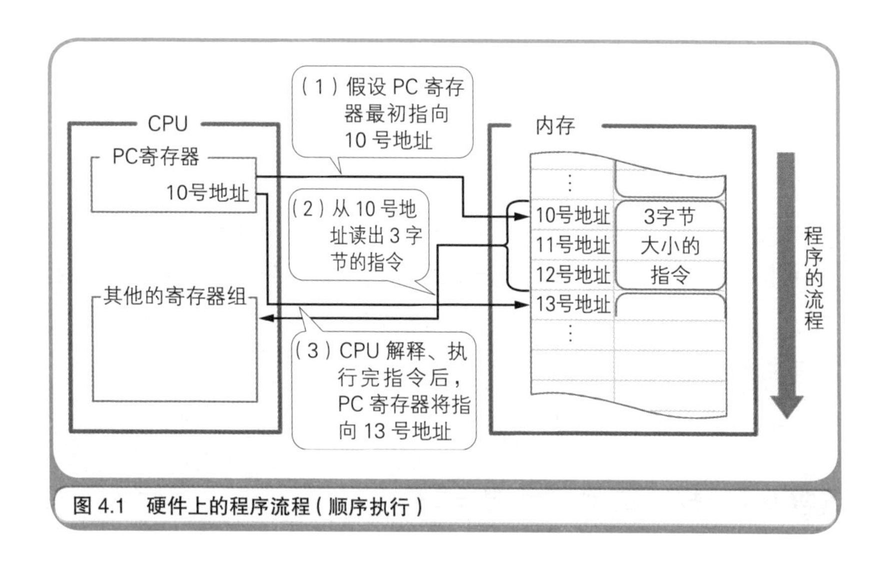

图 4.1 硬件上的程序流程（顺序执行）

程序的流程总共有三种。除了顺序执行以外，还有“条件分支”和“循环”。因为只有这三种，记忆起来还是很轻松的吧。

正如上文所述，顺序执行是按照指令记录在内存中的先后顺序依次执行的一种流程。而循环则是在程序的特定范围内反复执行若干次的一种流程。条件分支是根据若干个条件的成立与否，在程序的流程中产生若干个分支的一种流程。无论规模多么大多么复杂的程序，都是通过把以上三种流程组合起来实现的。

程序的三种流程正像是河流本身。从高山的泉眼中涌出的清泉形成了河流的源头（程序执行的起点）。水流从山中缓缓流下，有时向着一个方向流淌（顺序执行），有时中途分出了支流（条件分支），还有时由于地势卷起了漩涡（循环）。难道诸位不认为程序的流程也很美吗？完全就像是裱在画轴上的山水画一样（如图 4.2 所示）。还有一种称作"无条件分支"的流程，它就仿佛是大雨瓢泼引发的泥石流，突然就向着某处流去了，可以认为这是一种特殊的条件分支。

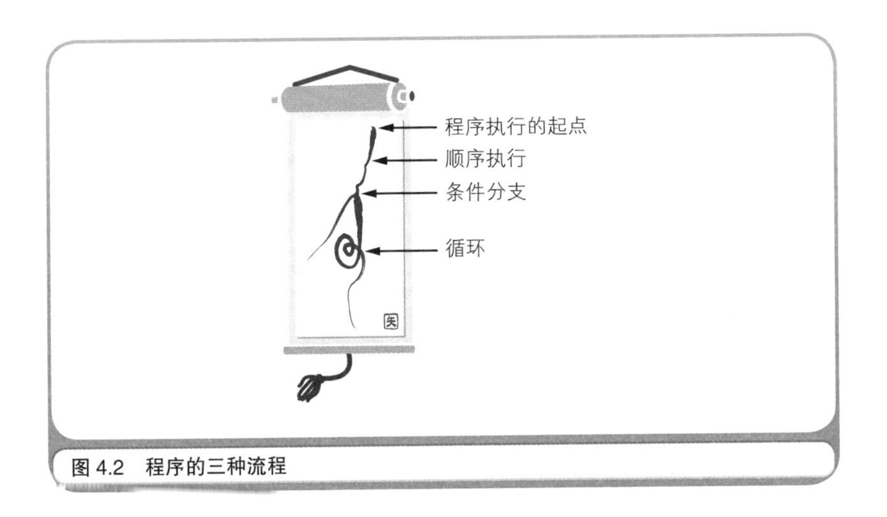

图 4.2 程序的三种流程

虽然可能不如山水画那样优美，但是我还是要给诸位展示一段简单的程序。代码清单 4.1 中列出了用 VBScript（Visual Basic Scripting Edition）编写的"石头剪刀布游戏"的代码，VBScript 是 BASIC 语言的一个版本。该程序可以在 Windows 98/Me/2000/XP 操作系统上运行[①]。玩家和计算机可以进行五轮石头剪刀布比赛，比完后会显示玩家获胜的次数。

请诸位用记事本等文本编辑器编写这个程序，并存储到扩展名为

① 用于执行 VBScript 程序的 WSH（Windows Script Host）已作为标准组件，被集成进 Windows 98/Me/2000/XP 操作系统。

“.vbs”的文件中，比如ShitouJiandaoBu.vbs。只要双击保存后的文件，程序就可以执行了（如图4.3所示）。

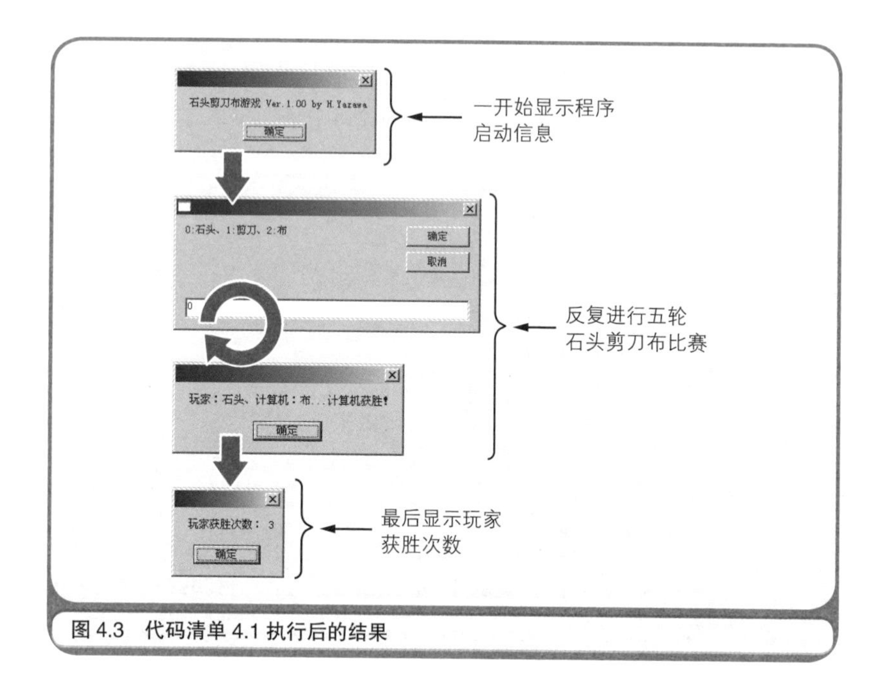

图4.3 代码清单4.1执行后的结果

代码清单4.1 用VBScript编写的“石头剪刀布游戏”

```
' 初始化表示手势的变量
Dim gesture(2)
gesture(0) = "石头"
gesture(1) = "剪刀"
gesture(2) = "布"

' 初始化对玩家获胜次数计数的变量
wins = 0

' 初始化随机数种子
Randomize

' 显示程序启动信息
MsgBox "石头剪刀布游戏 Ver.1.00 by H.Yazawa"
```

```
' 进行五轮比试
For i = 1 To 5
    ' 输入玩家的手势
    user = CInt(InputBox("0:石头、1:剪刀、2:布"))

    ' 用随机数决定计算机的手势
    computer = CInt(Rnd * 2)

    ' 生成提示双方出的手势的字符串
    s = "玩家:" & gesture(user) & "、计算机:" & gesture(computer)

    ' 判定胜负，显示结果
    If user = computer Then
        MsgBox s & "...平局！"
    ElseIf computer = (user + 1) Mod 3 Then
        MsgBox s & "...玩家获胜！"
        wins = wins + 1
    Else
        MsgBox s & "...计算机获胜！"
    End If
Next

' 显示玩家的获胜次数
MsgBox "玩家获胜次数:" & wins
```

4.2 用流程图表示程序的流程

代码清单 4.1 所示的“石头剪刀布游戏”的程序是由顺序执行、条件分支和循环三种流程组成的。对于没有学过 VBScript 的人来说，也许会觉得程序代码就好像是魔法的咒语一样。因此就需要用一种无论是谁都能明白的方法来表示代码清单 4.1 中的程序。为此所使用的图表，就是诸位都已经知道的“流程图”。

所谓流程图，正如其名，就是表示程序流程（Flow）的图（Chart）。有很多专业的程序员，他们在编写程序前，都会通过画流程图或是类似的图来思考程序的流程（如图 4.4 所示）。

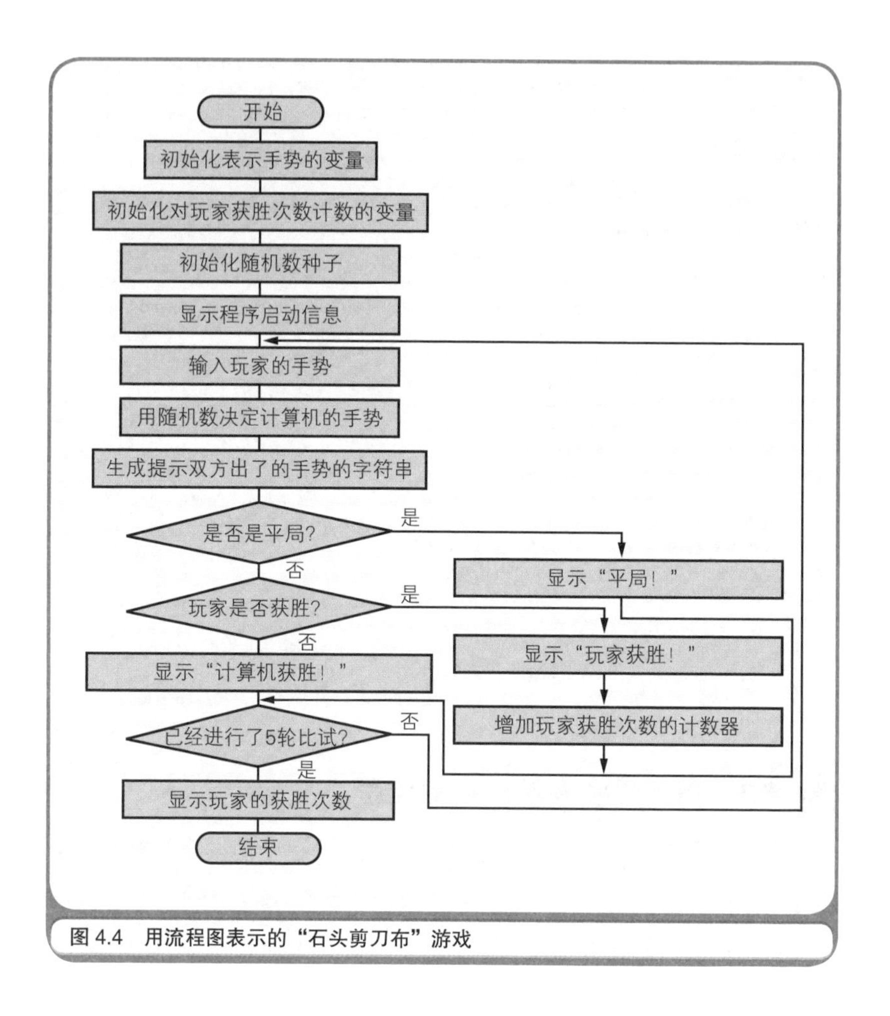

图 4.4 用流程图表示的“石头剪刀布”游戏

流程图的方便之处在于它并不依赖于特定的编程语言。图 4.4 的流程图所表示的流程不仅能转换成 VBScript 程序，还可以转换成用其他语言编写的程序，比如 C 语言或 Java 语言。可以认为编程语言只不过是将流程图上的流程用文字（程序）重现出来罢了。各种编程语言的差异正如一种自然语言中各地方言的差异一样。只要给出了详细的流程图，就可以编写出基本相同的程序。笔者也曾有过这样的经历，画流程图花费了一个月之久，但是对照着流程图专心写程序只需要两天的时间。

话说回来，诸位都善于画流程图吗？是不是有很多人会觉得在流程图中有那么多的符号，在画图时要把这些符号都用上很麻烦呢？

实际上用于表示程序流程的最基础的符号并没有多少。只要先记住表 4.1 中的符号就足够了。就连笔者也很少使用这张表以外的符号。虽然有时也能见到形如显示器或者打印纸的符号，但是可以认为这些只是为了丰富流程图的表现所附加的符号。

只使用表 4.1 中所示的符号，就可以画出程序的三种流程（如图 4.5 所示）。顺序执行只需用直线将矩形框连接起来 (a)。条件分支用菱形表示 (b)。循环的表示方法是通过条件分支回到前面的处理步骤 (c)。这样就能将所有的流程都表示出来了。

作为程序员必须要学会灵活地运用流程图。在思考程序流程的时候，也要首先在头脑中画出流程图。

表 4.1　最低限度所需的流程图符号

符号	含义
圆角矩形	表示流程的开始和结束
矩形	表示处理步骤
菱形	表示条件分支
直线、箭头	用直线把符号连接起来表示流程。在需要明确流程的走向时使用末端带有箭头的直线

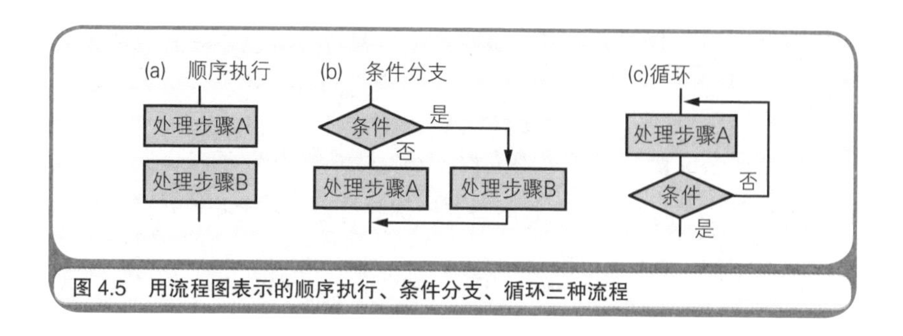

图 4.5　用流程图表示的顺序执行、条件分支、循环三种流程

4.3　表示循环程序块的“帽子”和“短裤”

再继续介绍一些有关流程图的内容吧。如果诸位曾经备考过“信息技术水平考试”，就应该见过用如图 4.6 所示的符号表示循环的流程图。笔者将这一对符号称作“帽子和短裤”（这当然不是正式的名称）。

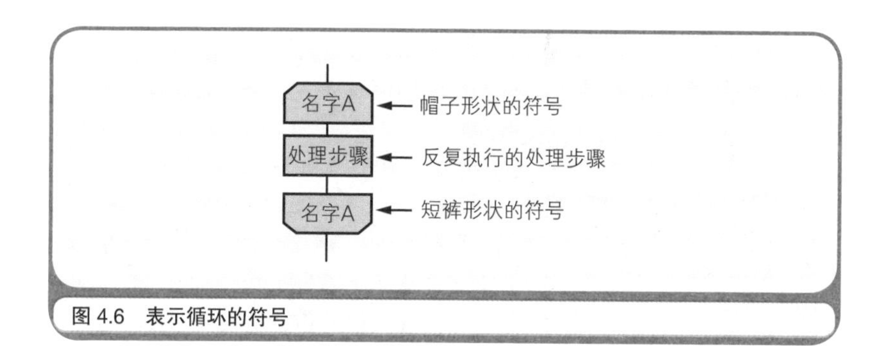

图 4.6　表示循环的符号

对于帽子形状和短裤形状的符号，为了表示它们是成对出现的，要在上面写下适当的名字。然后用“帽子”和“短裤”把需要反复执行的步骤包围起来。如果要在循环中嵌套循环，就需要对每个循环分别使用一对“帽子”和“短裤”。为了区分成对出现的“帽子”和“短裤”，要为每一对起不同的名字。

稍微说一点题外话。笔者的名字是久雄，有一个叫康男的哥哥。洗衣服时，如果把哥哥的帽子和短裤和我的混在一起洗的话，就不知道哪件是哥哥的、哪件是我的了。于是，母亲就在我们哥俩儿的帽子和短裤上分别写上了个人的名字。在流程图的“帽子”和“短裤”符号上写名字也出于同样的目的（如图 4.7 所示）。

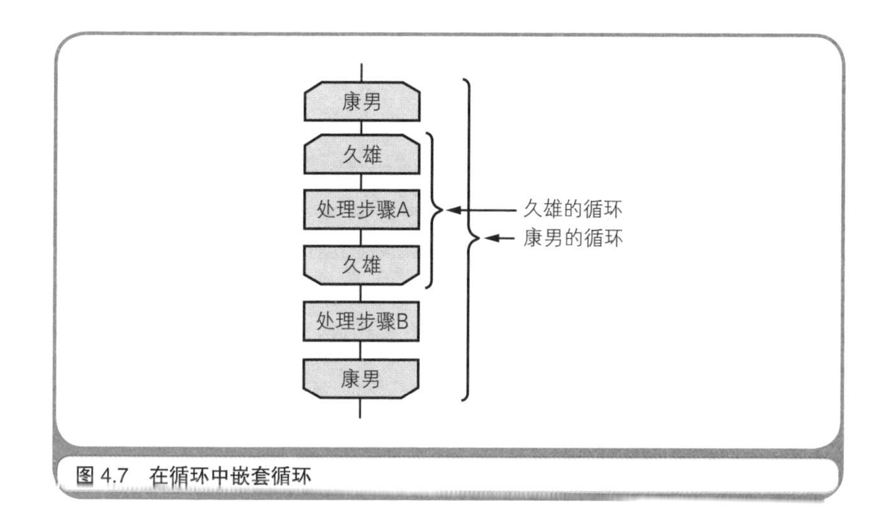

图 4.7 在循环中嵌套循环

上面的内容稍微有点跑题，下面我们回到正题。在计算机硬件上的操作中，循环是通过当满足条件时就返回到之前处理过的步骤来实现的。一旦使用了机器语言或汇编语言所提供的跳转指令，就可以将 PC 寄存器的值设置为任意的内存地址。如果将它的值设为之前执行过的步骤所对应的内存地址，那么就构成了循环。因此，在表示循环的时候，正如图 4.5(c) 所示的那样，仅仅使用带有菱形符号的流程图也就足够了。用机器语言或者汇编语言表示循环时，都是先进行某种比较，再根据比较结果，跳转到之前的地址（如图 4.8 所示）。

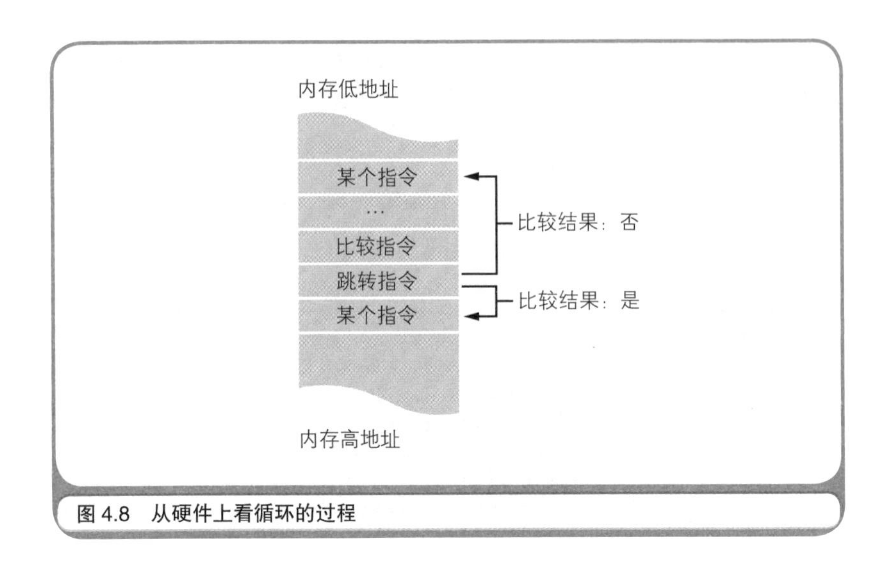

图 4.8　从硬件上看循环的过程

但是，现在还在使用机器语言或汇编语言的人已经不多了。程序员使用的都是能够更加高效地编写程序的高级语言，如 BASIC、C 语言和 Java 等。在这些高级语言中，程序员使用"程序块"表示循环而不是跳转指令。所谓"程序块"就是程序中代码的集合。程序中要被循环处理的部分，就是一种程序块。如图 4.6 所示的用帽子和短裤符号表示循环的方法就适用于使用了程序块的高级语言。

代码清单 4.2 列出了从之前的"石头剪刀布游戏"中摘录出的程序块，这段代码用于循环双方的比试过程。由此可见，在 VBScript 中，是用 For 和 Next 两个关键字表示循环的程序块的。For 对应着"帽子"，Next 则对应着"短裤"。For 的后面写有循环条件。"For i = 1 To 5"表示用变量 i 存储循环次数，将 i 的值从 1 加到 5，每进行 1 次循环就增加 1，如果 i 的值超过了 5 循环就终止。画图时循环条件也要写在"帽子"中（如图 4.9 所示）。

代码清单 4.2　用高级语言表示循环

```
' 进行 5 轮比试
For i = 1 To 5—— 相当于“帽子”
    ' 处理步骤
    …
Next———————— 相当于“短裤”
```

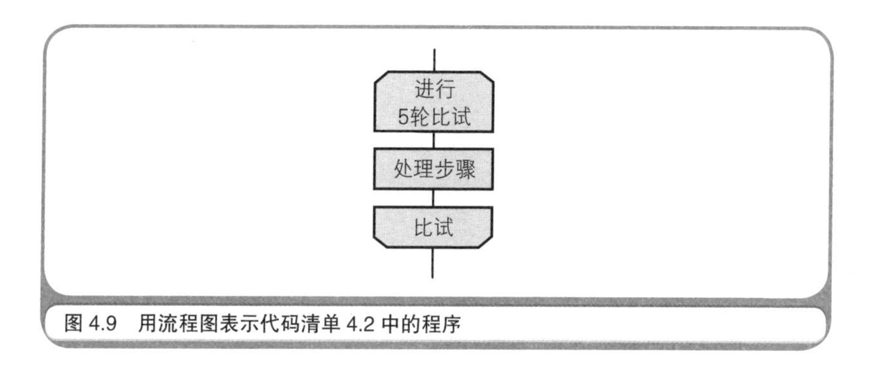

图 4.9　用流程图表示代码清单 4.2 中的程序

用“帽子”和“短裤”表示循环结构没有什么问题，也适用于使用高级语言编写的程序。但是在直接表示硬件操作的机器语言和汇编语言中，是通过条件分支返回到之前处理过的指令来实现循环的，并没有相当于 For 或者 Next 的指令。条件分支本身也是通过跳转指令实现的。根据比较操作的结果，跳转到之前处理过的步骤就是循环；跳转到之后尚未处理的步骤就是条件分支（如图 4.10 所示）。

在高级语言中，条件分支也是由程序块表示的。在 VBScript 中，使用 If、ElseIf、Else、End If 表示条件分支的程序块。通过这几个关键字就可以形成一个被分成三个区域的程序块（如代码清单 4.3 所示）。如果 If 关键字后面所写的条件成立，区域 (1) 中所写的代码就会被执行，形成分支。如果 ElseIf 后面所写的条件成立，区域 (2) 中所写的代码就会被执行，形成分支。当这两个条件都不成立时，区域 (3) 中所写的代码就会被执行，形成分支。高级语言的条件分支代码块，可以用画有菱形符号的流程图表示。

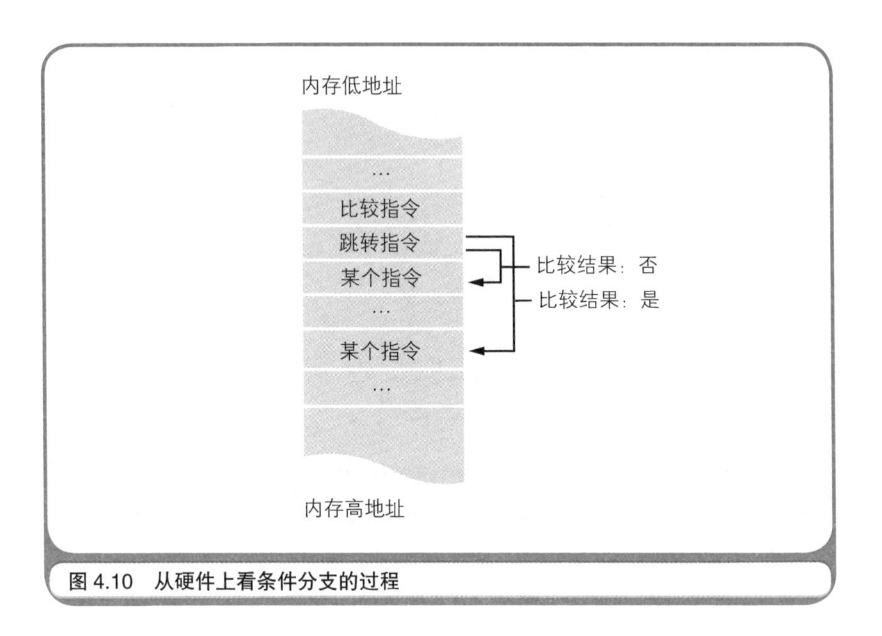

图 4.10　从硬件上看条件分支的过程

代码片段 4.3　用高级语言表示的条件分支

```
' 判定胜负，显示结果
If use = computer Then
    MsgBox s & "...平局！"                     区域(1)
ElseIf computer = (user + 1) Mod 3 Then
    MsgBOx s & "...玩家获胜！"                 区域(2)
    wins = wins + 1
Else
    MsgBox s % "...计算机获胜！"               区域(3)
End If
```

4.4　结构化程序设计

既然谈到了程序块，就再介绍一下结构化程序设计吧。诸位即使不曾亲身经历，也应该在什么地方听说过这个词吧。结构化程序设计是由学者戴克斯特拉提倡的一种编程风格。简单地说，所谓结构化程序设计就是“为了把程序编写得具备结构性，仅使用顺序执行、条件分支和循环表示程序的流程即可，而不再使用跳转指令”。“仅用顺序执行、条件分支和循环表示程序的流程”这一点是不言自明的，需要请诸位注意的是“不使用跳转指令”这一点。

作为计算机硬件上的行为，无论是条件分支还是循环都必须使用跳转指令实现。但是在 VBScript 等高级语言中，可以用 If～ElseIf～Else～End If 程序块表示条件分支，用 For～Next 程序块表示循环。跳转指令因此就变得可有可无了。但是即便如此，在很多高级语言中，还是提供了与机器语言中跳转指令相当的语句，例如 VBScript 中的 GoTo 语句。其实戴克斯特拉想表达的是“既然好不容易使用上了高级语言，就别再使用相当于跳转指令的语句了。即使不使用跳转语句，程序的所有流程仍然可以表述出来”。他这样说是因为跳转指令所带来的危害性不小，会使程序陷入到流程错综复杂的状态，就像意大利面条那样缠绕在一起（如图 4.11 所示）。

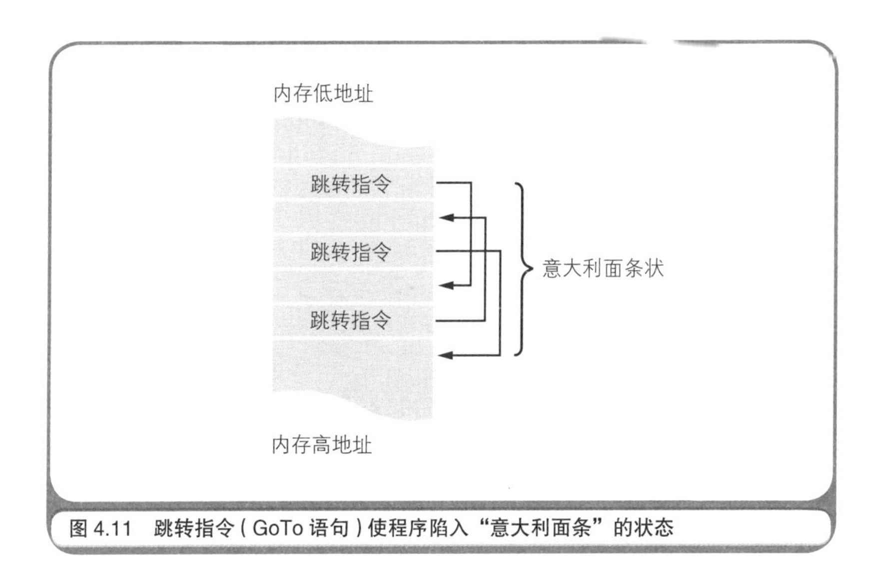

图 4.11　跳转指令（GoTo 语句）使程序陷入“意大利面条”的状态

在程序设计的世界中，如果看到了以“结构化”开头的术语，就可以这样认为：程序的流程是由程序块表示的，而不是用 GoTo 语句等跳转指令实现的。例如，微软的 .NET 框架所提供的新版 BASIC 语言 Visual Basic.NET 中，就以增加新语法的方式加入了被称作“结构化异常处理”的错误处理机制。这里所说的异常类似于错误。

在旧版本的 Visual Basic 中，一旦发生了错误，程序的流程就会跳转到执行错误处理的地方。用程序块来表示这种错误处理方式的机制，就是结构化异常处理。在 Visual Basic.NET 中，用 Try～Catch～End Try 程序块来表示结构化异常处理（如代码清单 4.4 所示）。但是即使使用了结构化异常处理，在硬件上使用的也还是跳转指令，只是说在高级语言中不用再写相当于跳转指令的语句了。如果把用高级语言所编写的程序转换成机器语言，像结构化异常处理这样的语句还是会被转换为跳转指令。

代码清单 4.4　原始的错误处理机制和结构化异常处理的区别

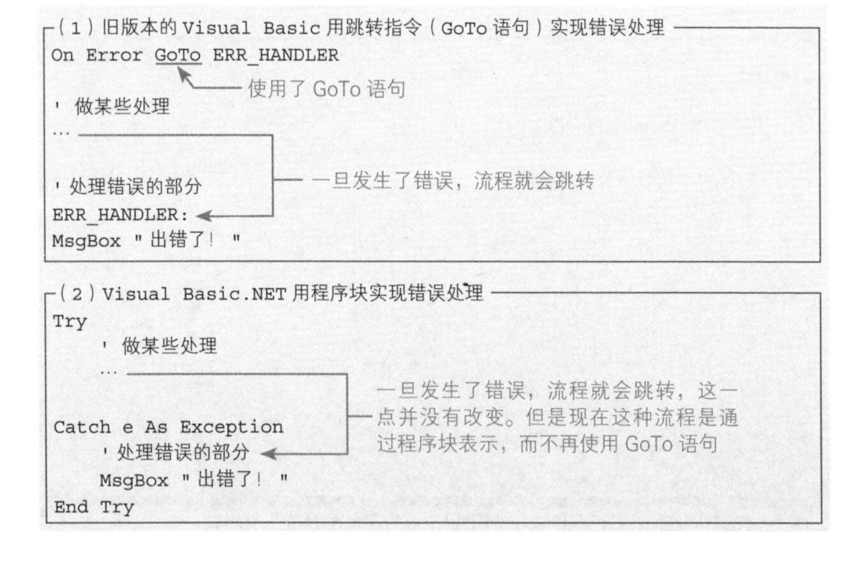

4.5 画流程图来思考算法

为了充分体现流程图的用途，下面稍微涉及一些有关算法的内容。所谓算法（Algorithm），就是解决既定问题的步骤。想让计算机解决问题，就需要把问题的解法转换成程序的流程。

仅用一条语句就能实现出“石头剪刀布游戏”的编程语言是不存在的。如果眼下待解决的问题是如何编写“石头剪刀布游戏”，那么就必须考虑如何把若干条指令组合起来并形成一个解决问题的流程。如果能够想出可以巧妙实现“石头剪刀布游戏”的流程，那么这个问题也就解决了，换言之算法也就实现了。要是诸位被前辈问到：“这个程序的算法是怎样的呢?”那么只要回答清楚程序的流程就可以了。或者画出流程图也是可以的，因为表示程序流程的流程图本身就能解释算法。

思考算法时的要点是要分两步走，先从整体上考虑程序的粗略流程，再考虑程序各个部分细节的流程。有关细节上的流程将在下一章介绍，在这里笔者先介绍粗略的流程。这是一种相当简单的流程，虽然或多或少会有例外，但是几乎所有的程序从整体来看都具有一个一成不变的流程，那就是“初始化处理”→“循环处理”→“收尾处理”。

请试想，用户是怎样使用程序的呢？首先，用户启动了程序（程序执行初始化处理）。接下来用户根据自己的需求操作程序（程序进入循环处理阶段）。最后用户关闭了程序（程序执行收尾处理）。这样的使用方法就可以直接作为程序的整体流程。还是以“石头剪刀布游戏”为例，分出初始化处理、循环处理、收尾处理之后，就可以画出如图4.12那样的粗略的流程图。图中把5次循环处理看作是一个整体，当成是一次处理（用矩形表示）。

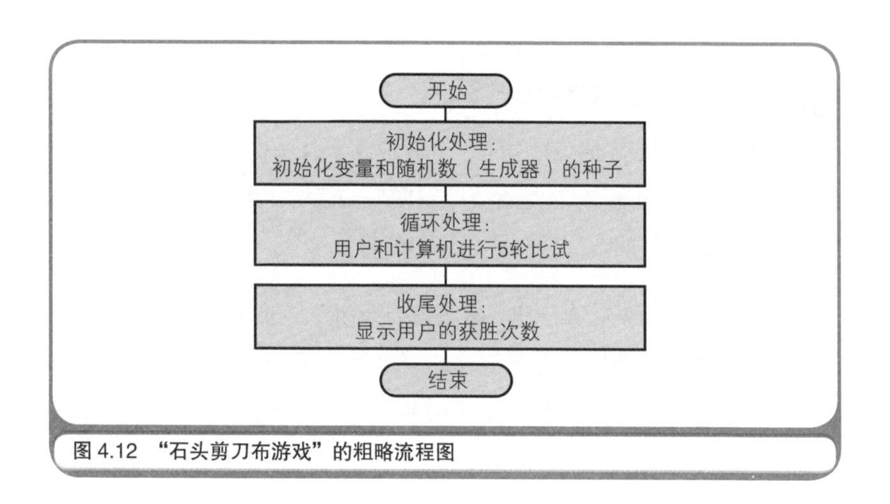

图 4.12　“石头剪刀布游戏”的粗略流程图

反映程序整体流程的粗略流程图还可以用来描述笔者写作本书时的流程（如图 4.13 所示）。首先，启动文字处理机，加载已经写到一半的稿件（初始化处理）。接下来，不断地输入文字（循环处理）。最后，保存稿件（收尾处理）。

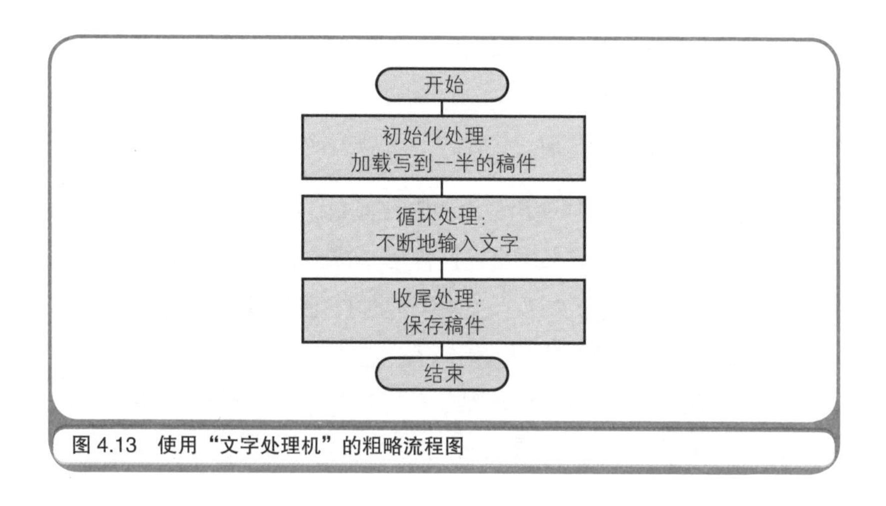

图 4.13　使用“文字处理机”的粗略流程图

我建议那些因为程序没有按照自己的想法来工作而烦恼的人，不妨试试从勾画反映程序整体流程的粗略流程图下手。只要在此之上慢慢地细化流程，就能得到详细的流程图。接下来再按照流程图所示的流程埋头编写程序就轻松了。

4.6 特殊的程序流程——中断处理

最后，稍微介绍一下两种特殊的程序流程——中断处理和事件驱动（Event Driven）。首先说明中断处理。

中断处理是指计算机使程序的流程突然跳转到程序中的特定地方，这样的地方被称为中断处理例程（Routine）或是中断处理程序（Handler），而这种跳转是通过CPU所具备的硬件功能实现的。人们通常把中断处理比作是接听电话。假设诸位都正坐在书桌前处理文件，这时突然来电话了，诸位就不得不停下手头的工作去接电话，接完电话再回到之前的工作。像这样由于外部的原因使正常的流程中断，中断后再返回到之前流程的过程就是中断处理流程。

在第2章微型计算机的电路图中已经展示过，在Z80 CPU中有$\overline{\text{INT}}$和$\overline{\text{NMI}}$两个引脚，它们可以接收从I/O设备发出的中断请求信号[①]。以硬件形式连接到CPU上的I/O模块会发出中断请求信号，CPU根据该信号执行相应的中断处理程序。在诸位使用的个人计算机上，中断请求信号是由连接到周边设备上的I/O模块发出的。例如每当用户按下键盘上的按键，键盘上的I/O模块就会把中断请求信号发送给CPU。CPU通过这种方式就可以知道有按键被按下，于是就会从I/O设备读入数据（如图4.14所示）。CPU并不会时刻监控键盘是否有按键被按下。

① $\overline{\text{INT}}$引脚用于处理一般的中断请求。$\overline{\text{NMI}}$引脚则用于即使CPU屏蔽了中断，也可在执行中的指令结束后立刻响应中断请求的情况。

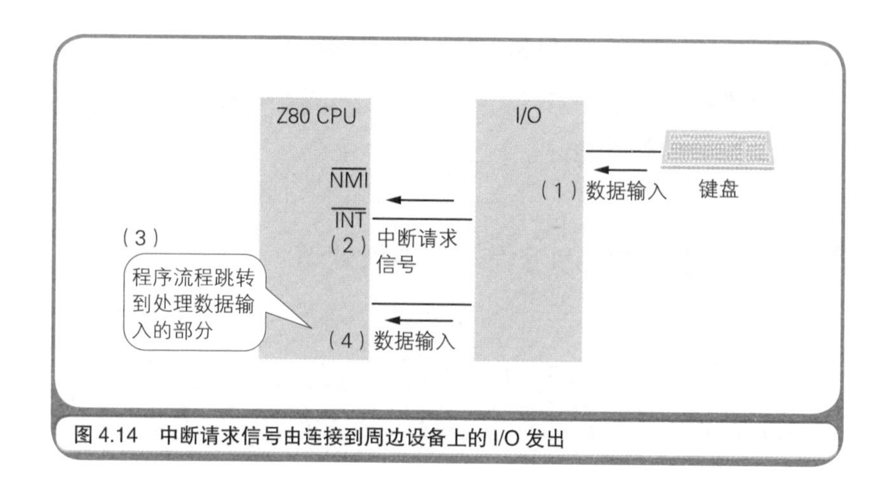

图 4.14　中断请求信号由连接到周边设备上的 I/O 发出

中断处理以从硬件发出的请求为条件，使程序的流程产生分支，因此可以说它是一种特殊的条件分支。可是，在诸位编写的程序中并不需要编写有关中断处理的代码。因为处理中断请求的程序，或是内置于被烧录在计算机 ROM 中的 BIOS 系统（Basic Input Output System，基本输入输出系统）中，或是内置于 Windows 等操作系统中。诸位只需要先记住以下两点即可：计算机具有硬件上处理中断的能力；中断一词的英文是 Interrupt。

4.7　特殊的程序流程——事件驱动

程序员们经常用事件驱动的方式编写那些工作在 GUI（Graphical User Interface，图形用户界面）环境中的应用程序，例如 Windows 操作系统中的应用程序。这听起来好像挺复杂的，但其实如果把事件驱动想象成是两个程序在对话，理解起来就简单了。

下面看一个实际的例子吧。代码清单 4.5 中列出了一段用 C 语言编写的 Windows 应用程序，这里只列出了程序的骨架。在程序中有

WinMain() 和 WndProc() 两个函数（代码块）。WinMain() 是在程序启动时被调用的主例程（Main Routine）。而 WndProc() 并不会被诸位所编写的程序本身调用，Windows 操作系统才是 WndProc() 的调用者。这种机制就使得 Windows 和诸位所编写的应用程序这两个程序之间可以进行对话。

代码清单 4.5　用 C 语言编写的 Windows 应用程序的骨架

```
/* 主例程 */
int APIENTRY WinMain(HINSTANCE hInst, HINSTANCE hPrevInst,
                     LPSTR lpCmdLine, int nCmdShow){
    …
}

/* 窗口过程 */
LRESULT CALLBACK WndProc(HWND hWnd, UINT msg,
                         WPARAM wParam, LPARAM lParam){
    …
}
```

通常把用户在应用程序中点击鼠标或者敲击键盘这样的操作称作“事件”（Event）。负责检测事件的是 Windows。Windows 通过调用应用程序的 WndProc() 函数通知应用程序事件的发生。而应用程序则根据事件的类型做出相应的处理。这种机制就是事件驱动。可以说事件驱动也是一种特殊的条件分支，它以从 Windows 送来的通知为条件，根据通知的内容决定程序下一步的流程。

要实现事件驱动，就必须把应用程序中的 WndProc() 函数（称为窗口过程，Window Procedure）的起始内存地址告诉 Windows。这一步将在应用程序 WinMain() 中作为初始化处理被执行。

事件驱动是一种适用于 GUI 环境的编程风格，在这种环境中用户可以通过鼠标和键盘来操作应用程序。虽然事件驱动的流程也可以用流程图表示，但是由于要排列很多的菱形符号（表示条件分支），画起来会很复杂。所以下面介绍便于表示事件驱动的"状态转化图"。状态转化图中有多个状态，反映了由于某种原因从某个状态转化到另一个状态的流程。工作在 GUI 环境中的程序，其显示在画面上的窗口就有若干个状态。例如，如图 4.15 所示的计算器应用程序就可以看作包含三个状态："显示计算结果""显示第一个输入的数"以及"显示第二个输入的数"。随着用户按下不同种类的按键，状态也会发生转变。在状态转化图中，在矩形中写上状态的名称，用箭头表示状态转化的方向，并且在箭头上标注引起状态转化的原因（事件）（如图 4.16 所示）。

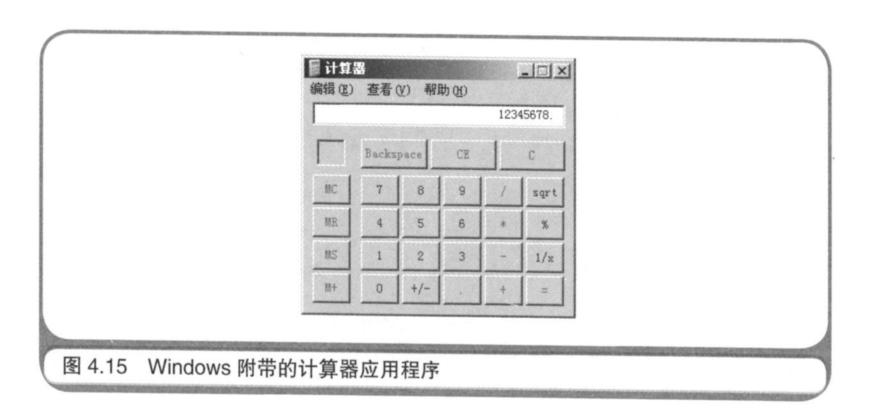

图 4.15　Windows 附带的计算器应用程序

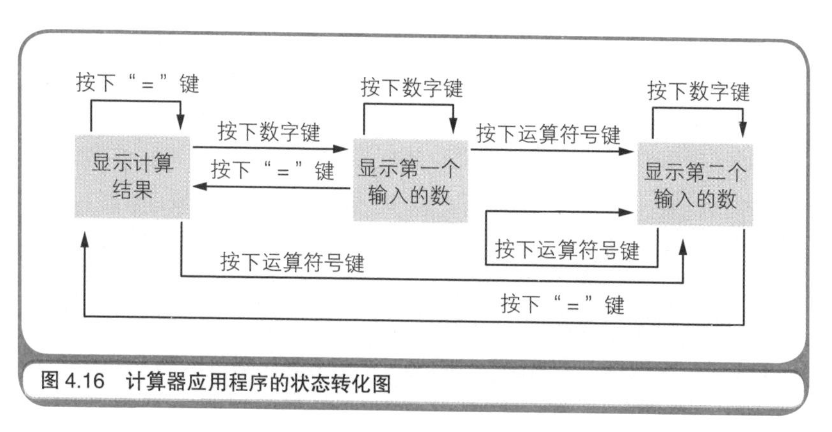

图 4.16　计算器应用程序的状态转化图

对于那些觉得画图很麻烦的人，笔者推荐使用“状态转化表”（如表 4.2 所示）。因为制表的话，用 Microsoft Excel 等表格软件就可以完成，修改起来也要比图方便。在状态转化表中，行标题是带有编号的状态，列标题是状态转化的原因，而单元格中是目标状态的编号。

表 4.2 计算机程序的状态状态转化表的例子

状态 / 状态转化的原因	按下数字键	按下“=”键	按下运算符号键
(1) 显示计算结果	→(2)	→(1)	→(3)
(2) 显示第一个输入的数	→(2)	→(1)	→(3)
(3) 显示第二个输入的数	→(3)	→(1)	→(3)

☆　☆　☆

也许读完中断处理和事件驱动的这两节，诸位会觉得稍微有些混乱，但是程序的流程还是只有顺序执行、条件分支和循环这三种，这一点是没有改变的。其中的顺序执行是最基本的程序流程，这是因为 CPU 中的 PC 寄存器的值会自动更新。条件分支和循环，在高级语言中用程序块表示，在机器语言和汇编语言中用跳转指令表示，在硬件上是通过把 PC 寄存器的值设为要跳转到的目的地的内存地址来实现。只要能充分理解这些概念就 OK 了。

在接下来的第 5 章，笔者将更加详细地介绍在本章略有涉及的算法。敬请期待！

COLUMN

来自企业培训现场

电阻颜色代码的谐音助记口诀

无论是哪个行业，都有那么一些数字、结论是从业者必知必会的知识，不得不加以记忆。例如，对于硬件工程师来说，电阻的颜色代码（用于表示电阻值的颜色的搭配）就必须要烂熟于心。在电阻的表面上，可以用 10 种不同颜色的色环来分别表示 0～9 的数字。为了记忆颜色代码，有人还编出了谐音助记口诀，在从业者之间广为流传。

讲师：请先什么都别想，跟着我说：黑灵芝、粽子叶、红孩儿、三乘轿、黄丝带、五缕须、蓝琉璃、钟子期、灰八哥、摆酒宴。

听众：黑灵芝、粽子叶……

讲师：好的，再来一遍。

听众：黑灵芝、粽子叶……老师，请问这到底是什么呢？

讲师：这是为了记忆电阻的颜色代码而编出的谐音助记口诀。可能听一回就记住了。下面请诸位看看手头的电阻，上面带有 4 种颜

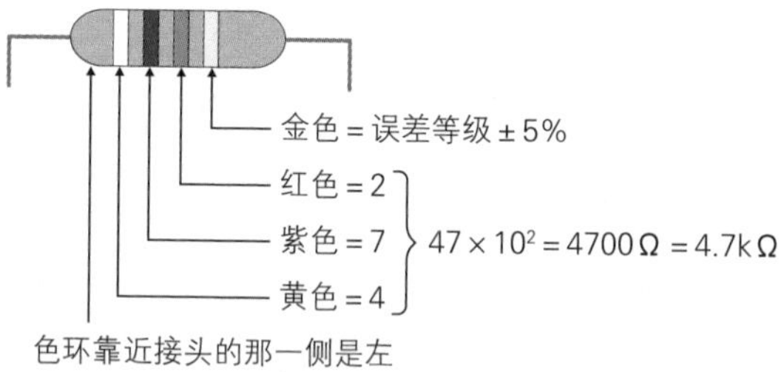

图 A　电阻的外观以及电阻值的计算方法

色的色环。请把金色或银色的色环放到右手边，然后从左边开始依次读出剩余 3 个色环的颜色。

听众：黄色、紫色、红色。

讲师：那就是黄丝带、钟子期、红孩儿。也就是说，所对应的数字是 4、7、2。由这 3 个数字表示的电阻值就是 $47\times10^2\Omega=4700\Omega$，即 $4.7\text{k}\Omega$。请注意，从左侧开始数，第 3 位的数字是几就表示是 10 的几次方（如表 A、图 A 所示）。

听众：原来如此！颜色代码已经一口气背下来了。

讲师：再补充一点，银色代表的误差等级是 ±10%，金色代表的误差等级是 ±5%。记忆时可以参考奥运会的奖牌，金牌比银牌的级别高，所以金色的误差更小。

表 A　电阻颜色代码的谐音助记口诀

数字	颜色	谐音助记口诀
0	黑	黑灵（零）芝
1	棕	粽（棕）子叶
2	红	红孩儿（二）
3	橙	三乘（橙）轿
4	黄	黄丝（四）带
5	绿	五缕（绿）须
6	蓝	蓝琉（六）璃
7	紫	钟子（紫）期（七）
8	灰	灰八哥
9	白	摆（白）酒（九）宴

第5章 与算法成为好朋友的七个要点

热身问答

在阅读本章内容前，让我们先回答下面的几个问题来热热身吧。

初级问题

Algorithm 翻译成中文是什么？

中级问题

辗转相除法是用于计算什么的算法？

高级问题

程序中的“哨兵”指的是什么？

怎么样？被这么一问，是不是发现有一些问题无法简单地解释清楚呢？下面，笔者就公布答案并解释。

初级问题：Algorithm 翻译成中文是“算法”。

中级问题：是用于计算最大公约数的算法。

高级问题：“哨兵”指的是一种含有特殊值的数据，可用于标识数据的结尾等。

解释

初级问题：算法（Algorithm）一词的含义，不仅能在计算机术语辞典上查到，就是用普通的英汉辞典也能查到。

中级问题：最大公约数指的是两个整数的公共约数中最大的数。使用辗转相除法，就可以通过机械的步骤求出最大公约数。

高级问题：字符串的末尾用 0 表示，链表的末尾用 -1 表示，像这种特殊的数据就是哨兵。在本章中，我们将展示如何在“线性搜索”算法中灵活地应用哨兵。

本章重点

程序是用来在计算机上实现现实世界中的业务和娱乐活动的。为了达到这个目的，程序员们需要结合计算机的特性，用程序来表示现实世界中对问题的处理步骤，即处理流程。在绝大多数情况下，为了达到某个目的需要进行若干步处理。例如为了达到“计算出两个数相加的结果”这个目的，就需要依次完成以下三个步骤，即“输入数值”“执行加法运算”“展示结果”。像这样的处理步骤，就被称为算法。

在算法中，有表示程序整体大流程的算法，也有表示程序局部小流程的算法。在第 4 章已经讲解过了表示大流程的算法。那么本章的重点就是表示小流程的算法。

5.1 算法是程序设计的“熟语”

学习编程语言与学习外语很像。为了将自己的想法完整地传达给对方，仅仅死记硬背单词和语法是不够的，只有学会了对话中常用的熟语，才能流利地对话。学习 C 语言、Java 和 BASIC 等编程语言也是如此。仅仅囫囵吞枣地把关键词和语法记下来，是无法流利地和计算机对话的，可是一旦了解了算法就能将自己的想法完整地传达给计算机了。因为算法就相当于是程序设计中的熟语。

“令人生畏且难以掌握”“和自己无缘”，诸位是不是会对算法留下这样的印象呢？诚然，有那种无法轻松理解、难以掌握的算法，但是并不是说只有把那种由智慧超群的学者才能想出的算法全部牢记心中才能编写程序，简单的算法也是有的。而且诸位自己也不妨去思考一些原创的算法。只要理清在现实世界解决问题的步骤，再结合计算机的特性，就一定能想出算法。思考算法也可以是一件非常有趣的事。下面，笔者将介绍思考算法时的要点。请诸位务必以此为契机，和算法成为朋友，体味思考算法所带来的乐趣。

5.2 要点 1：算法中解决问题的步骤是明确且有限的

先正式地介绍一下什么是算法吧。用英汉辞典去查 algorithm 的意思，得到的解释是“算法”。诸位会觉得这个解释很含糊，不知所云吧。

再去查查 JIS（日本工业标准），上面写着算法的定义是“被明确定义的有限个规则的集合，用于根据有限的步骤解决问题。例如在既定的精度下，把求解 sin x 的计算步骤无一遗漏地记录下来的文字”。这个定义虽然看起来晦涩，但是正确地解释了什么是算法。

如果用通俗易懂的语言来说，算法就是“把解决问题的步骤无一遗漏地用文字或图表示出来”。要是把这里的“用文字或图表示”替换为“用编程语言表达”，算法就变成了程序。而且请诸位注意这样一个条件，那就是“步骤必须是明确的并且步骤数必须是有限的”。

接下来先举一个具体的例子，请诸位想一想解决“求出 12 和 42 的最大公约数”这个问题的算法。最大公约数是指两个整数的公共约数（能整除被除数的数）中最大的数。最大公约数的求解方法应该在中学的数学课上学过了。把两个数写在一排，不断地寻找能够同时整除这两个整数的除数。最后把这些除数相乘就得到了最大公约数（如图 5.1 所示）。

```
2 ) 12   42  —— 步骤1：用2整除12和42
3 )  6   21  —— 步骤2：用3整除6和21
     2    7  —— 步骤3：没有能同时整除2和7的除数了
             —— 步骤4：2×3=6，即6是最大公约数
```

图 5.1 在中学学的求解最大公约数的方法

用这个方法求出了 6 是最大公约数，结果正确。但是这些步骤能够称为算法吗？答案是不能，因为步骤不够明确。

步骤 1 的“用 2 整除 12 和 42”和步骤 2 的“用 3 整除 6 和 21”，是怎么知道要这样做的呢？寻找能够整除的数字的方法，在这两步中并没有体现。步骤 3 的“没有能同时整除 2 和 7 的除数”，又是怎么知道的呢？而且，到此为止无需后续步骤（即步骤数是有限的）的原因也是不明确的。

其实这些都是凭借人类的“直觉”判断的。在解决问题的步骤中，有了与直觉相关的因素，就不是算法了。既然不是算法，也就不能用程序表示了。

5.3 要点 2：计算机不靠直觉而是机械地解决问题

计算机不能自发地思考。因此计算机所执行的由程序表示的算法必须是由机械的步骤所构成。所谓“机械的步骤”，就是不用动任何脑筋，只要按照这个步骤做就一定能完成的意思。众多的学者和前辈程序员们已经发明创造出了很多机械地解决问题的步骤，这些步骤并不依赖人类的直觉。由此所构成的算法被称为“典型算法”。

辗转相除法（又称欧几里得算法）就是一个机械地求解最大公约数

问题的算法。在辗转相除法中分为使用除法运算和使用减法运算两种方法。使用减法运算简单易懂，步骤如图 5.2 所示。用两个数中较大的数减去较小的数（步骤），反复进行上述步骤，直到两个数的值相等（步骤的终止）。如果最终这两个数相同，那么这个数就是最大公约数。请诸位注意以下三点：1. 步骤是明确的、完全不依赖直觉的；2. 步骤是机械的、不需要动脑筋就能完成的；3. 使步骤终止的原因是明确的。

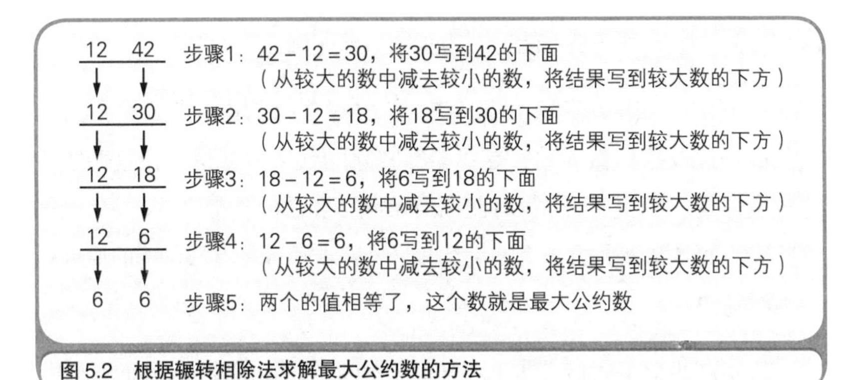

图 5.2　根据辗转相除法求解最大公约数的方法

使用辗转相除法求解 12 和 42 的最大公约数的程序代码如代码清单 5.1 所示。本章展示的程序都是用 VBScript 编程语言编写的。只要把代码清单 5.1 中的内容输入到文本编辑器中，保存成扩展名为 .vbs 的文件，比如 Sample1.vbs，双击这个文件程序就可以运行了（如图 5.3 所示）。诸位即使读不懂这段程序代码的内容也没有关系，这里需要诸位注意的是该算法所描述的步骤是可以直接转换成程序的。

代码清单 5.1　求解 12 和 42 最大公约数的程序

```
a = 12
b = 42
While a <> b
    If a > b Then
        a = a - b
```

```
    Else
        b = b - a
    End If
Wend
MsgBox "最大公约数为" & CStr(b) & "。"
```

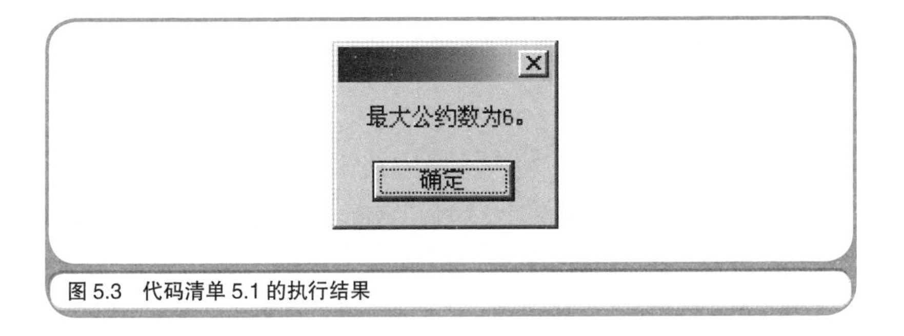

图 5.3　代码清单 5.1 的执行结果

5.4　要点 3：了解并应用典型算法

笔者建议从事编程工作的人手中要有一本能作为算法辞典的书[①]。就像新入职的员工为了书写商务文书去买“商务文书范文”方面的书一样。虽然算法应该由诸位自己思考，但是如果遇到了不知道从哪里下手才好的问题，也可以利用这类辞典查查已经发明出来的算法。

作为程序员的修养，表 5.1 中列出了笔者认为最低限度应该了解的典型算法。这些算法包括刚刚介绍过的求解最大公约数的“辗转相除法”，判定素数的“埃拉托斯特尼筛法”（将在后面介绍），检索数据的三种算法以及排列数据的两种算法。记住了这些典型算法固然好，但是请诸位注意绝不要丢掉自己思考算法的习惯。

① 可以作为算法辞典使用的书有《算法技术手册》（George T. Heineman、Gary Pollice、Stanley Selkow（著），杨晨、李明（译），机械工业出版社，2010 年 3 月）、《算法精解：C 语言描述》（Kyle Loudon（著），肖翔、陈舸（译），机械工业出版社，2012 年 9 月）等。

表 5.1　主要的典型算法

名称	用途
辗转相除法	求解最大公约数
埃拉托斯特尼筛法	判定素数
顺序查找	检索数据
二分查找	检索数据
哈希查找	检索数据
冒泡排序	数据排序
快速排序	数据排序

再试着思考一个具体问题吧。这次请思考一下解决“求解 12 和 42 的最小公倍数”这个问题的算法。所谓最小公倍数就是指两个整数的公共倍数（是一个数几倍的数）中最小的那个数。最小公倍数的求解方法诸位在中学的数学课上也应该学过了，但是很可惜求解步骤是依赖人类的直觉的。请再思考一个适用于计算机的机械的算法。诸位说不定会想“反正会有典型算法的吧，比如‘某某氏的某某法’”，然后就纠结于是否还要自己思考。

但是即使查了算法辞典之类的书，也还是找不到求解最小公倍数的算法。为什么呢？因为我们可以通过以下方法求解最小公倍数——用两个整数的乘积除以这两个整数的最大公约数。因此 12 和 42 的最小公倍数就是 $12 \times 42 \div 6 = 84$ 了。如此简单的算法不能算作典型算法。这个例子说明先自己思考算法，再去应用典型算法这一点很重要。

5.5　要点 4：利用计算机的处理速度

这次再请诸位思考求解“判定 91 是否是素数”这一问题的算法。在用于判定素数的典型算法中，有一个被称为“埃拉托斯特尼筛法”的算法。在学习这个算法之前，先请诸位思考如果是在数学考试中碰到了这道题，要如何解答呢？

也许有人会这样想：用91分别除以比它小的所有正整数，如果没有找到能够整除的数，那么91就是素数。但是，如此繁琐的步骤可行吗？实际上这就是正确答案。埃拉托斯特尼筛法是一种用于把某个范围内的所有素数都筛选出来的算法，比如筛选100以内的所有素数，其基本思路就是用待判定的数除以比它小的所有正整数。例如要判定91是否是素数，只要分别除以2～90之间的每个数就可以了（因为1肯定能够整除任何数，所以从2开始检测）。这个步骤用程序表示的话，就变成了如代码清单5.2所示的代码。Mod是用于求除法运算中余数的运算符。如果余数为0则表示可以整除，因此也就知道待判定的数不是素数了。程序执行结果如图5.4所示。

代码清单5.2 判定是否是素数的程序

```
a = 91
s = "是素数。"
For i = 2 to (a - 1)
    If a Mod i = 0 Then
        s = "不是素数。"
        Exit For
    End If
Next
MsgBox CStr(a) & s
```

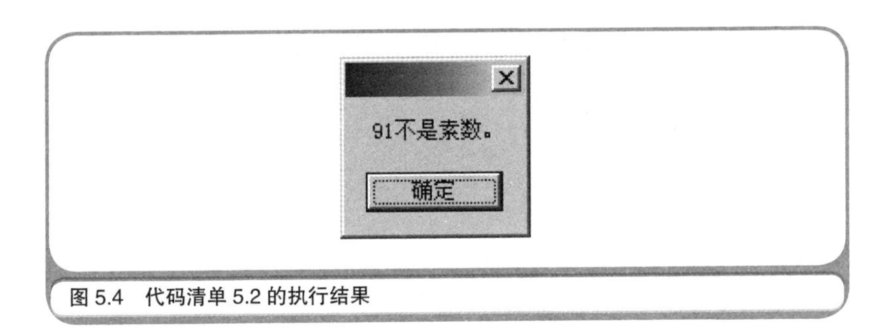

图5.4 代码清单5.2的执行结果

无论是多么冗长繁琐的步骤，只要明确并且机械就能构成优秀的算法。诸位把算法用程序表示出来让计算机去执行，而计算机会用令人吃惊的速度为我们执行。为了判定 91 是否是素数，用 91 除以 2～90 这 89 个数的操作一瞬间就可以完成。在思考算法时不妨时刻记着，解决问题时是可以利用计算机的处理速度的。

作为利用计算机的处理速度解决问题的另一个例子，请试着求解以下联立方程组。题目是鸡兔同笼问题：鸡和兔子共计 10 只，把它们的脚加起来共计 32 只，问鸡和兔子分别有多少只？设有 x 只鸡，y 只兔子，那么就可以列出如下的联立方程组。

$$\begin{cases} x + y = 10 & \text{……鸡和兔子共计 10 只} \\ 2x + 4y = 32 & \text{……脚加起来共计 32 只} \end{cases}$$

因为鸡和兔子的只数应该都在 0～10 这个范围内，所以就试着把 0～10 中的每个数依次代入 x 和 y，只要能够找到使这两个方程同时成立的数值也就求出了答案。利用计算机的处理速度，答案一瞬间就出来了（如代码清单 5.3 和图 5.5 所示）。

代码清单 5.3　求解鸡兔同笼问题的程序

```
For x = 0 To 10
    For y = 0 To 10
        a = x + y
        b = 2 * x + 4 * y
        If (a = 10) And (b = 32) Then
            MsgBox "鸡 = " & CStr(x) & ", 兔子 = " & CStr(y)
        End If
    Next
Next
```

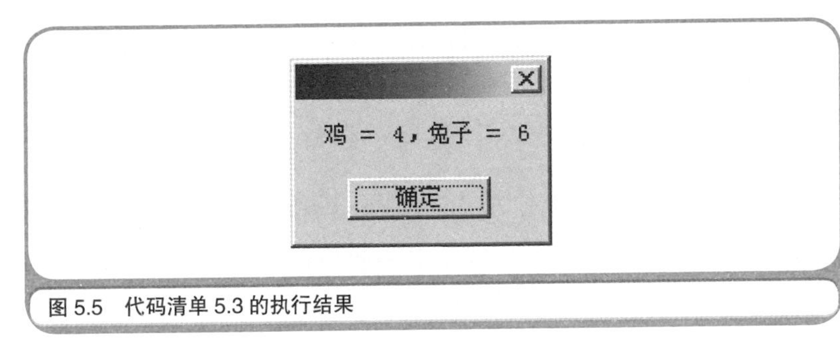

图 5.5 代码清单 5.3 的执行结果

5.6 要点 5：使用编程技巧提升程序执行速度

解决一个问题的算法未必只有一种。在考量用于解决同一个问题的多种算法的优劣时，可以认为转化为程序后，执行时间较短的算法更为优秀。虽然计算机的处理速度快得惊人，但是当处理的数据数值巨大或是数量繁多时还是要花费大量的时间。例如，判定 91 是否是素数的过程一下子就有结果了，可是要去判定 999999937 的话，笔者的电脑就要花费大约 55 分钟之久（言外之意 999999937 是素数）。

有时稍微往算法中加入一些技巧，就能大幅度地缩短处理时间。在判定素数上，原先的过程是用待判定的数除以比它小的所有正整数，只要在此之上加入一些技巧，改成用待判定的数除以比它的 1/2 小的所有数，处理时间就会缩短。之所以改成这样是因为没有必要去除以比它的 1/2 还大的数。通过这一点改进，除法运算的处理时间就能够缩短 1/2[①]。

在算法技巧中有个著名的技巧叫作“哨兵”。这个技巧多用在线性搜索（从若干个数据中查找目标数据）等算法中。线性搜索的基本过程是将若干个数据从头到尾，依次逐个比对，直到找到目标数据。

① 其实处理时间还能够进一步缩短，即只需要从 2 除到待判定数的平方根就足够了。这是因为假设一个数 n 不是素数，也就是说它是两个数 p 和 q（$p \neq 1$ 且 $q \neq 1$）的乘积，那么因数 p 或 q 最大为 n 的平方根。

下面还是通过例题来思考吧。假设有 100 个箱子，里面分别装有一个写有任意数字的纸条，箱子上面标有 1～100 的序号。现在要从这 100 个箱子当中查找是否有箱子装有写着要查找数字的纸条。

首先看看不使用哨兵的方法。从第一个箱子开始依次检查每个箱子中的纸条。每检查完一个纸条，还要再检查箱子的编号（用变量 N 表示），并进一步确认编号是否已超过最后一个编号了。这个过程用流程图表示后如图 5.6 所示。

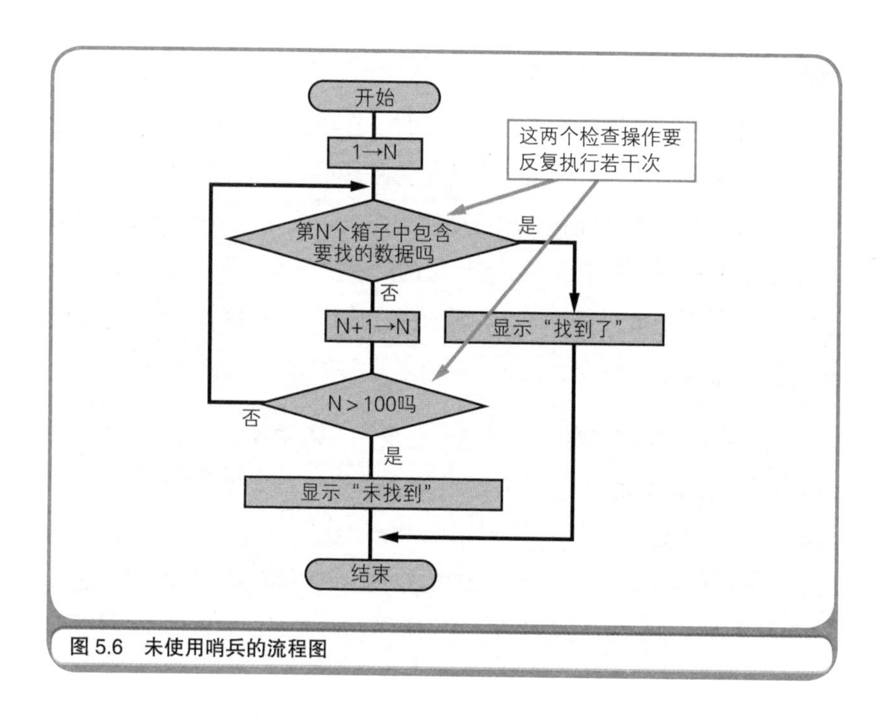

图 5.6 未使用哨兵的流程图

图 5.6 所示的过程，虽然看起来似乎没什么问题，但是实际上含有不必要的处理——每回都要检查箱子的编号有没有到 100。

为了消除这种不必要的处理，于是添加了一个 101 号箱子，其中预先放入的纸条上写有正要查找的数字。这种数据就被称为“哨兵”。通过放入哨兵，就一定能找到要找的数据了。找到要找的数据后，如果该箱子的编号还没有到 101 就意味着找到了实际的数据；如果该箱子的编号是 101，则意味着找到的是哨兵，而没有找到实际的数据。使用了哨兵的流程图如图 5.7 所示。需要多次反复检查的就只剩下“第 N 个箱子中包含要找的数字吗?”这一点了，程序的执行时间也因此大幅度地缩减了。

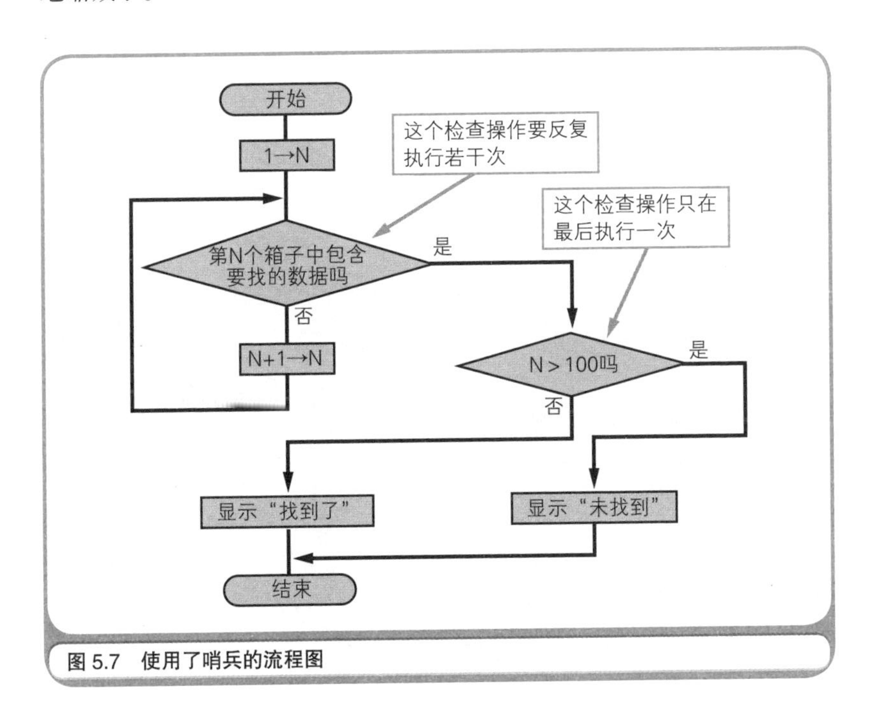

图 5.7　使用了哨兵的流程图

当笔者第一次得知哨兵的作用时，对其巧妙性感到惊叹，兴奋异常。有些读者会感到“不太明白巧妙在哪里”，那么就讲一个故事来解释哨兵的概念吧。假设某个漆黑的夜晚，诸位在海岸的悬崖边上玩一个游戏（请勿亲身尝试）。诸位站在距悬崖边缘 100 米的地方，地上每隔 1 米就任意放 1 件物品。请找出这些物品中有没有苹果。

诸位每前进 1 米就要捡起地上的物品，检查是否拿到了苹果，同时还要检查有没有到达悬崖的边缘（不检查的话就有可能掉到海里）。也就是说要对这两种检查反复若干次。

使用了哨兵以后，就要先把起点挪到距悬崖边缘 101 米的地方，再在悬崖的边缘放置一个苹果（如图 5.8 所示）。这个苹果就是哨兵。通过放置哨兵，诸位就一定能找到苹果了。每前进 1 米时只需检查捡到的物品是不是苹果就可以了。发现是苹果以后，只需站在原地再检查一步开外的情况。如果还没有到达悬崖边缘，就意味着找到了真正要找的苹果。已经达到了悬崖边缘，则说明现在手中的苹果是哨兵，而没有找到真正要找的苹果。

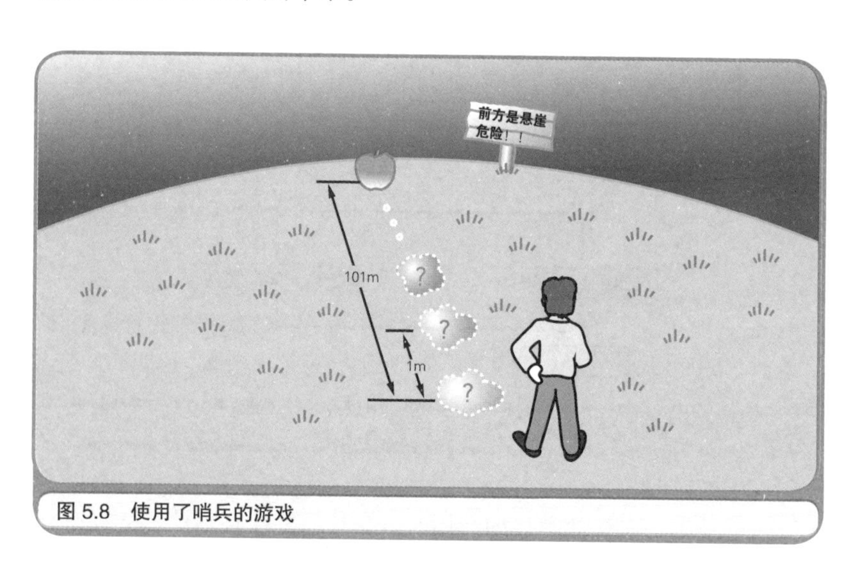

图 5.8　使用了哨兵的游戏

5.7 要点 6：找出数字间的规律

所有的信息都可以用数字表示——这是计算机的特性之一。因此为了构造算法，经常会利用到存在于数字间的规律。例如，请思考一下判定石头剪刀布游戏胜负的算法。如果把石头、剪刀、布分别用数字 0、1、2 表示，把玩家 A 做出的手势用变量 A 表示，玩家 B 做出的手势用变量 B 表示，那么变量 A 和 B 中所存储的值就是这三个数中的某一个。请以此判断玩家 A 和 B 的输赢。

如果算法没有使用任何技巧，也许就会通过枚举表 5.2 中所列出的 3×3 = 9 种组合来判断输赢吧。把这个表格转换成程序后就得到了代码清单 5.4 中的代码。可以看出这是一种冗长而又枯燥的判断方法（代码清单 5.4 和 5.5 列出的都只是程序的一部分，因此不能直接运行）。

表 5.2 判定石头剪刀布输赢的表

变量 A 的值	变量 B 的值	判定结果
0（石头）	0（石头）	平局
0（石头）	1（剪刀）	玩家 A 获胜
0（石头）	2（布）	玩家 B 获胜
1（剪刀）	0（石头）	玩家 B 获胜
1（剪刀）	1（剪刀）	平局
1（剪刀）	2（布）	玩家 A 获胜
2（布）	0（石头）	玩家 A 获胜
2（布）	1（剪刀）	玩家 B 获胜
2（布）	2（布）	平局

代码清单 5.4 判断石头剪刀布输赢的程序（方法一）

```
If (A = 0) And (B = 0) Then
    MsgBox "平局"
ElseIf (A = 0) And (B = 1) Then
    MsgBox "玩家 A 获胜"
ElseIf (A = 0) And (B = 2) Then
```

```
    MsgBox "玩家B获胜"
ElseIf (A = 1) And (B = 0) Then
    MsgBox "玩家B获胜"
ElseIf (A = 1) And (B = 1) Then
    MsgBox "平局"
ElseIf (A = 1) And (B = 2) Then
    MsgBox "玩家A获胜"
ElseIf (A = 2) And (B = 0) Then
    MsgBox "玩家A获胜"
ElseIf (A = 2) And (B = 1) Then
    MsgBox "玩家B获胜"
ElseIf (A = 2) And (B = 2) Then
    MsgBox "平局"
End If
```

接下来就试着在此之上稍微加入些技巧吧。请仔细观察表5.2并找出数字间的一种规律，这个规律可以简单地判定出是玩家A获胜，玩家B获胜，还是平局这三种结果。可能需要习惯一下思维上的转变，但最终应该都可以发现如下的规律。

- 如果变量A和B相等就是“平局”
- 如果用B+1除以3得到的余数与变量A相等就是“玩家B获胜”
- 其余的情况都是“玩家A获胜”

用程序来表示这个规律就得到了如代码清单5.5所示的代码。与没有使用任何技巧的代码清单5.4中的代码相比，可以发现处理过程简单并且代码短小精悍。当然程序的执行速度也会随之提升。

代码清单5.5 判断石头剪刀布输赢的程序（方法二）

```
If A = B Then
    MsgBox "平局"
ElseIf A = (B + 1) Mod 3 Then
    MsgBox "玩家B获胜"
Else
    MsgBox "玩家A获胜"
End If
```

构造算法时需要找出数字间的规律不仅适用于数学游戏，编写用于计算工资的应用程序时，计算工资的规则也可以说是一种数字上的规律。如果能够发现“工资 = 底薪 + 加班补贴 + 交通补贴 – 预扣税款”这样的规律，那么解决问题的步骤就是明确的，步骤数也是有限的，因此构造出的算法也就是优秀的了。

5.8 要点 7：先在纸上考虑算法

最后介绍最为重要的一点，那就是思考算法的时候，要先在纸上用文字或图表描述出解决问题的步骤，而不要立刻开始编写代码。

画流程图就可以方便地把算法用图表示出来，因此请诸位大量地、灵活地运用它。如果不想画流程图，也可以用语言把算法描述出来，写成文书。总之先写到纸上这一点很重要。

在纸上画完或写完流程以后，再把具体的数据代入以跟踪流程的处理，确认是否能得到预期的结果。在验算的时候，建议使用简单的数据，这样即使是用心算也能得出正确的结果。例如，要确认辗转相除法的流程，就可以使用数值较小的数做验算，这样就算是用中学所学的求解步骤也能求出最大公约数。如果使用的是数值较大的数，比如 123456789 和 987654321（最大公约数是 9），那么就难跟踪流程的处理了。

☆　　☆　　☆

曾经有一本被誉为凡是立志成为程序员的人都应该去读的名著，那就是 Niklaus Wirth 的 *Algorithms + Data Structures = Programs*。

要在网上搜索这本书的话，会查到一本又一本地以“算法和数据结构”为主题的书，总共有数十本。看这些书名就可知道，如果只了解算法，实际上关于编程的知识是不完整的，因此还必须要考虑和算法相辅相成的数据结构。在接下来的第 6 章中，笔者将会讲解数据结构。敬请期待！

第6章

与数据结构成为好朋友的七个要点

热身问答

在阅读本章内容前，让我们先回答下面的几个问题来热热身吧。

初级问题

程序中的变量是指什么？

中级问题

把若干个数据沿直线排列起来的数据结构叫作什么？

高级问题

栈和队列的区别是什么？

怎么样？被这么一问，是不是发现有一些问题无法简单地解释清楚呢？下面，笔者就公布答案并解释。

初级问题：变量是数据的容器。

中级问题：叫作“数组”。

高级问题：栈中数据的存取形式是 LIFO；队列中数据的存取形式是 FIFO。

解释

初级问题：变量中所存储的数据是可以改变的。变量的实质是按照变量所存储数据的大小被分配到的一块内存空间。

中级问题：使用了数组就可以高效地处理大量的数据。数组的实质是连续分配的一块特定大小的内存空间。

高级问题：LIFO（Last In First Out，后进先出）表示优先读取后存入的数据；FIFO（First In First Out，先进先出）表示优先读取先存入的数据。本章将会详细地讲解栈和队列的结构。

本章重点

在第 5 章中笔者曾经这样介绍过算法：程序是用来在计算机上实现现实世界中的业务和娱乐活动的，为了达到这个目的，程序员们需要结合计算机的特性，用程序来表示现实世界中对问题的处理步骤，即处理流程。本章的主题是数据结构，也就是如何结合计算机的特性，用程序来表示现实世界中的数据结构。

程序员有必要把算法（处理问题的步骤）和数据结构（作为处理对象的数据的排列方式）两者放到一起考虑。选用的算法和数据结构两者要相互匹配这一点很重要。本章会依次讲解以下 3 点：数据结构的基础、最好先记忆下来的典型数据结构以及如何用程序实现典型的数据结构。范例代码全部由适合于学习算法和数据结构的 C 语言编写。为了让即便不懂 C 语言的读者也能读懂，笔者会采取简单易懂的说明，所以请诸位不要担心。另外，为了易于理解，文中只展示了程序中的核心片段，省略了错误处理等环节，这一点还要请诸位谅解。

6.1　要点 1：了解内存和变量的关系

计算机所处理的数据都存储在了被称为内存的 IC（Integrated Circuit，集成电路）中。在一般的个人计算机中，内存内部被分割成了若干个数据存储单元，每个单元可以存储 8 比特的数据（8 比特 = 1 字节）。为了区分各个单元，每个单元都被分配了一个编号，这个编号被称为“地址”或是“门牌号码”。如果一台个人计算机装配有 64M 字节的内存，那么就会有从 0 到 64M（M = 100 万）这么多个地址。

因为依靠指定地址的方式编写程序很麻烦，所以在 C 语言、Java、BASIC 等几乎所有的编程语言中，都是使用变量把数据存储进内存，或从内存中把数据读出来的。在代码清单 6.1 中列出了一段用 C 语言写的程序，用于把数据“123”存入变量 a 中。其中用“/*”和“*/”括起来的内容是 C 语言的注释。

代码清单 6.1　把 123 存入变量 a

```
char a;    /* 定义变量 */
a = 123;   /* 把数据存入变量 */
```

首先请看后面注释有“定义变量”的这一行代码“char a;”。“char”代表一种 C 语言的数据类型，该类型可用于存储 1 字节的整数。通过这一行代码就在内存中预留了一块空间，并为这块空间起了个名字叫作 a。

对于程序员来说，他们并不需要知道变量 a 被存储到内存空间中的哪个地址上了。因为当程序运行时是由操作系统为我们从尚未使用的内存空间中划分出一部分分配给变量 a 的。如图 6.1 所示，变量是程序中数据存储的最小单位，每个变量都对应着一块物理上的内存空间。

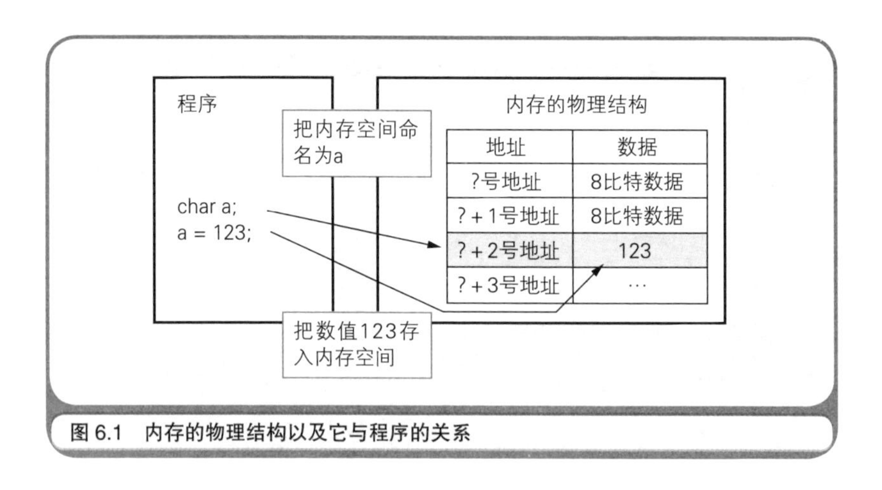

图 6.1　内存的物理结构以及它与程序的关系

如果是完全不了解数据结构的程序员，说不定会通过一个挨一个地定义出若干个离散的变量来编写程序吧。要是程序可以按照预期运行，那么以这种方式编程倒也可以。但是若还要用这种方式实现对多个数据排序的算法，那就有些困难了。

代码清单 6.2 中列出了一段程序，把三个数据分别存入 a、b、c 三个变量中，再将 a、b、c 中的数据的值按照降序（从大到小的顺序）排列。在排序时为了交换两个变量的值还需要用到 tmp 变量。程序使用 if 语句一对儿一对儿地比较变量的大小，并根据比较的结果交换变量的值。

代码清单 6.2　把存入到三个变量中的数值按照降序排列

```
/* 定义变量 */
char a, b, c, tmp;

/* 把数据存入变量 */
a = 123;
b = 124;
c = 125;

/* 按降序排列 */
if (b > a){
    tmp = b;
    b = a;
    a = tmp;
}

if (c > a){
    tmp = c;
    c = a;
    a = tmp;
}

if (c > b){
    tmp = c;
    c = b;
    b = tmp;
}
```

虽然代码清单 6.2 中的程序可以正常地运行[①]，但是处理的过程（算法）实在是够啰嗦的。如果需要排序的数据有 1000 个，那么就需要定义 1000 个变量。用于比较其中数值大小的 if 语句，更是需要约数十万个程序块。应该没有人想写这么麻烦的程序吧。也就是说，为了实现想要实现的算法，有时不能只依靠离散的变量。

6.2　要点 2：了解作为数据结构基础的数组

在实际应用的程序中经常需要处理大量的数据，比如那种用于统计 1000 名职员的工资之类的程序。在这类程序中存储数据时使用的是“数组”，而不是定义出 1000 个变量以供使用。通过使用数组，既可以同时定义出多个变量，又可以提高编写程序的效率。在上一节的例子中，分别定义了 a、b、c 三个变量，其实可以换一种定义变量的方法，那就是只定义一个含有 3 个元素（包含 3 个数据）的数组。在用 C 语言编写的程序中，是通过指定数组名和数组所包含的元素个数来定义数组、以供使用的（如代码清单 6.3 所示）。

代码清单 6.3　使用含有 3 个元素的数组

```
char x[3];   /* 定义数组 */
x[0] = 123; /* 把数据存入数组的第 0 个元素中 */
x[1] = 124; /* 把数据存入数组的第 1 个元素中 */
x[2] = 125; /* 把数据存入数组的第 2 个元素中 */
```

数组实际上是为了存储多个数据而在内存上集中分配出的一块内存空间，并且为这块空间整体赋予了一个名字。在代码清单 6.3 中，通过定义数组，操作系统就分配出了一块用于存储 3 个数据所需的内存空间，并将这块空间整体命名为 x。可以通过在“[”和“]”之间指定序号（索引）的方式分别访问数组内的各块内存空间。

① 需注意代码清单 6.2 给出的只是代码片段，无法直接运行。——译者注

本例中通过“char x[3];”这条语句就分配出了数组整体所需的内存空间，其中每个元素的内存空间可以通过 x[0]、x[1]、x[2] 的方式进行访问。虽然本质上还是定义出了 x[0]、x[1]、x[2] 三个变量，但是比起单独使用 a、b、c，使用数组可以更加高效地编写出能够实现排序等算法的程序。具体的例子将在稍后展示。

数组是数据结构的基础，之所以这么说是因为数组反映了内存的物理结构本身。在内存中存储数据的空间是连续分布的。而在程序中，往往要从内存整体中分配出一块连续的空间以供使用。如果用程序中的语句表示这种分配使用方式的话，就要用到数组（如图 6.2 所示）。

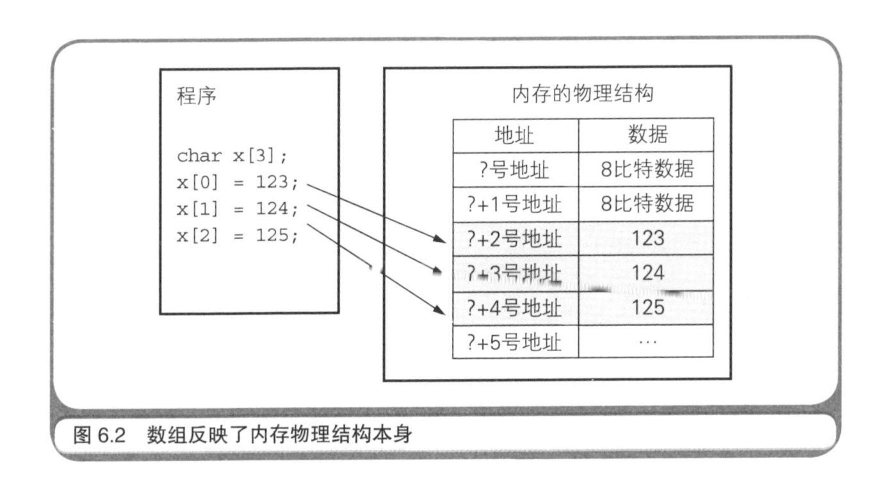

图 6.2　数组反映了内存物理结构本身

6.3　要点 3：了解数组的应用——作为典型算法的数据结构

数组是数据结构的基础，只要使用数组就能通过程序实现各种各样的算法以处理大量的数据。代码清单 6.4 中列出的程序使用了第 5 章中所介绍的名为“线性搜索”的典型算法，用于从数组 x 所存储的 1000 个数字中查找（Search）777 这个数字。在这段程序中没有使用“哨兵”。

代码清单 6.4 使用线性搜索算法查找数据

```
for (i = 0; i < 1000; i++){
    if (x[i] == 777){
        printf(" 找到 777 了！ ");
    }
}
```

在 C 语言中，for 语句具备反复执行某种处理的功能。因此为了从头到尾连续地处理数组中的元素，往往需要使用 for 语句。这段程序中除了数组 x 还定义了一个变量 i，在 for 这个关键词后面的小括号中，要写上使变量 i 从 0 到 999 每循环一次就增加 1 的代码。于是就得到了这么一个代码片段。

```
for (i = 0; i < 1000; i++) {
```

在 C 语言中是通过用“{”和“}”将若干条语句括起来，表示程序中的程序块（具有一定意义的语句集合）的。通过这种方式写在 for 语句程序块当中的 if 语句就会随着变量 i 的值的增加而被反复执行 1000 次，在这里 if 语句的作用是判断是否已经找到了 777。

通常把像变量 i 这样的用于记录循环次数的变量称为循环计数器（Loop Counter）。数组之所以方便，就是因为可以把循环计数器的值与数组的索引对应起来使用（如图 6.3 所示）。

循环计数器的值	被处理的数组中的元素
0	x[0]（数组的开头）
1	x[1]
2	x[2]
…	…
999	x[999]（数组的结尾）

查找777

图 6.3 把循环计数器的值和数组的索引对应起来

接下来就试着用“冒泡排序”这种典型算法，将存储在数组中的1000个数字按降序排列吧。程序如代码清单6.5所示。在冒泡排序算法中，需要从头到尾地比较数组中每对儿相邻的元素的数值，然后反复交换较大的数值和较小的数值的位置。

代码清单6.5 通过冒泡排序算法排列数据

```
for (i = 0; i < 999; i++){
    for (j = 999; j > i; j--){
        if (x[j-1] > x[j]){
            tmp = x[j-1];
            x[j-1] = x[j];
            x[j] = tmp;
        }
    }
}
```

在这里没有必要去深究这个程序的流程，这之后展示出的代码也是如此，诸位只要粗略地浏览一下抓住其大意就OK了。这里只希望诸位能关注一点，即通过使用数组和for语句，就能编写出实现了线性搜索和冒泡排序算法的程序。

6.4 要点4：了解并掌握典型数据结构的类型和概念

数组是一种直接利用内存物理结构（计算机的特性）的最基本的数据结构。只需使用for语句，就可以连续地处理数组中所存储的数据，实现各种各样的算法。但是在现实世界中也有一些数据结构，仅凭借数组是无法实现的，比如有的数据结构可以把数据堆积得像小山一样，有的数据结构可以把数据排成一队，有的数据结构可以任意地改变数据的排列顺序，还有的数据结构可以把数据分为两路排列，等等。为了用程序实现这些数据结构，就必须要设法改造数组，但是与之相应的内存的物理结构又是改变不了的。这可怎么办才好呢？

就像在算法中有典型算法一样，在数据结构中也有典型数据结构（如表 6.1 所示），它们都是由老一辈程序员发明创造的。这些数据结构其实都是通过程序从逻辑上改变了内存的物理结构，即数据在内存上呈现出的连续分布状态。接下来笔者会依次介绍每种典型的数据结构，所以请诸位抓住它们各自的特点。

表 6.1　主要的典型数据结构

名称	数据结构的特征
栈	把数据像小山一样堆积起来
队列	把数据排成一队
链表	可以任意地改变数据的排列顺序
二叉树	把数据分为两路排列

“栈”（Stack）的本意是干草堆（如图 6.4 所示）。在牧场中，把喂家畜吃的干草堆积在地上就会形成一座小山。为了把干草堆成山就要从下往上不断地堆积。在程序中干草就相当于数据。而在给家畜喂食的时候，则要按照从上往下的顺序把堆积起来的干草（数据）取下来。也就是说，数据的使用顺序与堆积顺序是相反的。通常把这种存取方式称为 LIFO（Last In First Out，后进先出），即最后被存入的数据是最先被处理的。在那些作为程序处理对象的实际业务中，可以用栈来模拟诸如堆积在桌子上的文件等场景。既然无法马上处理，就暂且先都堆放在栈里吧。

“队列”（Queue）就是等待做某事而排成的队。笔者经常要在东京的西日暮里站从营团地铁换乘日本铁路。下了地铁就要去买日本铁路的车票，在购票窗口前买票的乘客会排成一队。这就是现实世界中的队列（如图 6.5 所示）。队列与栈正相反，排在队头的乘客可以最先买到车票。通常把这种形式称为 FIFO（First In First Out，先进先出），即最先被存入的数据也是最先被处理的。当无法一下子处理完数据的时候，就可以暂且先把这些数据排成队。之后会介绍队列的数据结构，其实现方式一般是把数组的首尾相连，形成一个圆环。

图 6.4 栈的示意图

图 6.5 队列的示意图

"链表"的概念就相当于几个人手拉着手排成一排（如图 6.6 所示）。某个人只要松开拉住的那只手，再去拉住另一只手，这一排人（相当于数据）的排列顺序就改变了。而只要先松开拉住的手，再让一个新人加入进来并拉住他的手，就相当于完成了数据的插入操作。

图 6.6　链表的示意图

“二叉树”的概念正如其名，就相当于一棵树。不过这棵树与自然界中的树稍有些不同，二叉树从树干开始分杈，树枝上又有分杈，但每次都只会分为两杈，在每个分杈点上有一片叶子（相当于数据）（如图 6.7 所示）。稍后诸位就会了解到二叉树其实是链表的特殊形态。

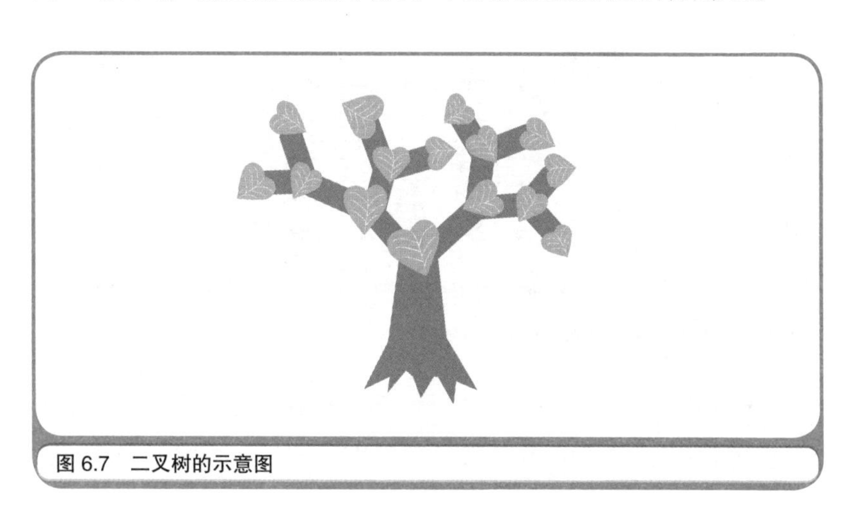

图 6.7　二叉树的示意图

6.5　要点 5：了解栈和队列的实现方法

栈和队列的相似点在于，它们都可以把不能立刻处理的数据暂时存储起来；不同点在于，栈对所存储数据的存取方式是 LIFO 的，而队列对所存储数据的存取方式是 FIFO 的。既然诸位已经了解了栈和队列的概念，接下来笔者就开始讲解如何用程序表示这两种数据结构吧。同样是数组，处理手段不同，得到的数据结构也会不同，数组有时可以转化为栈，有时可以转化为队列。

在实现栈这种数据结构时，首先要定义一个数组和一个变量。数组中所包含的元素个数就是栈的大小（栈中最多能存放多少个数据）。变量中则存储着一个索引，指向存储在栈中最顶端的数据，该变量被称为“栈顶指针”。栈的大小可以根据程序的需求任意指定。假设最多也就有 100 个数据，那么定义一个能把它们都存储下来的栈就可以了，这样的话就可以定义一个元素数为 100 的数组。这个数组就是栈的基础。接下来编写两个函数，一个函数用于把数据存入到栈中，也叫作压入到栈中；另一个函数用于从栈中把数据取出来，也叫作从栈中弹出来。在这两个函数中，都需要更新栈中所存储的数据的总数，以及更新栈顶指针的位置。也就是说通过使用由数组、栈顶指针以及入栈函数和出栈函数所构成的集合，就能实现栈这种数据结构了（如代码清单 6.6 和图 6.8 所示）。

代码清单 6.6　使用数组、栈顶指针、入栈函数和出栈函数实现栈

```
char Stack[100];          /* 作为栈本质的数组 */
char StackPointer = 0;    /* 栈顶指针 */

/* 入栈函数 */
void Push(char Data){
    /* 把数据存储到栈顶指针所指的位置上 */
    Stack[StackPointer] = Data;
    /* 更新栈顶指针的值 */
    StackPointer++;
}

/* 出栈函数 */
char Pop(){
    /* 更新栈顶指针的值 */
```

```
    StackPointer--;
    /* 把数据从栈顶指针所指的位置中取出来 */
    return Stack[StackPointer];
}
```

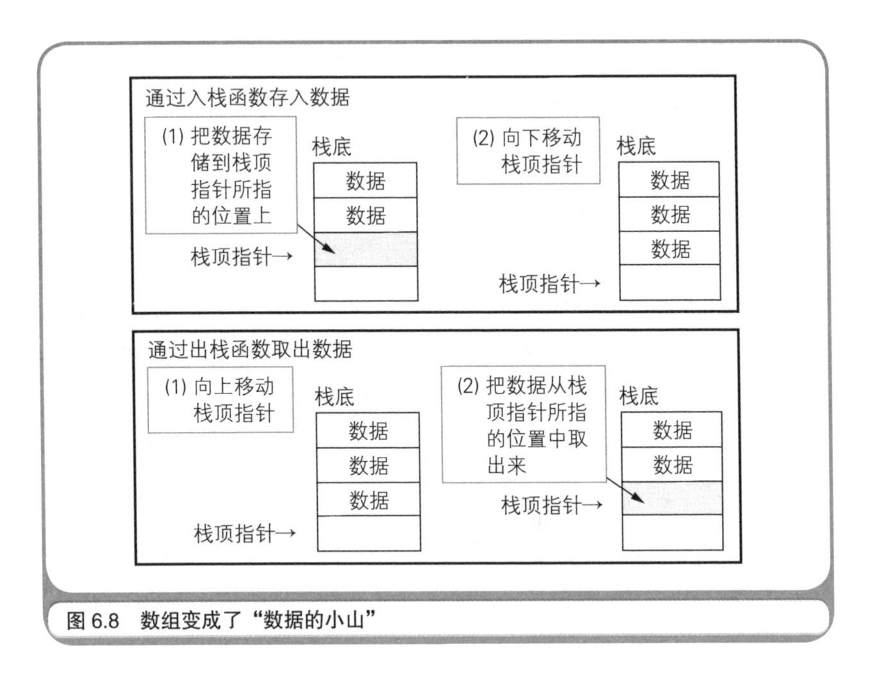

图 6.8　数组变成了“数据的小山”

为了实现队列这种数据结构，以下元素是必不可少的：1. 一个任意大小的数组；2. 一个用于存放排在队头的数据对应的索引的变量；3. 一个用于存放排在队尾的数据对应的索引的变量；4. 一对儿函数，分别用于把数据存入到队列中和从队列中把数据取出来。如果数据一直存放到了数组的末尾，那么下一个存储位置就会折回到数组的开头。这样就相当于数组的末尾就和它的开头连接上了，于是虽然数组的物理结构是“直线”，但是其逻辑结构已经变成“圆环”了（如代码清单 6.7 和图 6.9 所示）。

代码清单 6.7 使用一个数组、两个变量和两个函数实现队列

```
char Queue[100];          /* 作为队列本质的数组 */
char SetIndex = 0;        /* 标识数据存储位置的索引 */
char GetIndex = 0;        /* 标识数据读取位置的索引 */

/* 存储数据的函数 */
void Set(char Data){
    /* 存入数据 */
    Queue[SetIndex] = Data;
    /* 更新标识数据存储位置的索引 */
    SetIndex++;
    /* 如果已到达数组的末尾则折回到开头 */
    if (SetIndex >= 100){
        SetIndex = 0;
    }
}

/* 读取数据的函数 */
char Get(){
    char Data;
    /* 读出数据 */
    Data = Queue[GetIndex];
    /* 更新标识数据读取位置的索引 */
    GetIndex++;
    /* 如果已到达数组的末尾则折回到开头 */
    if (GetIndex >= 100){
        GetIndex = 0;
    }
    /* 返回读出的数据 */
    return Data;
}
```

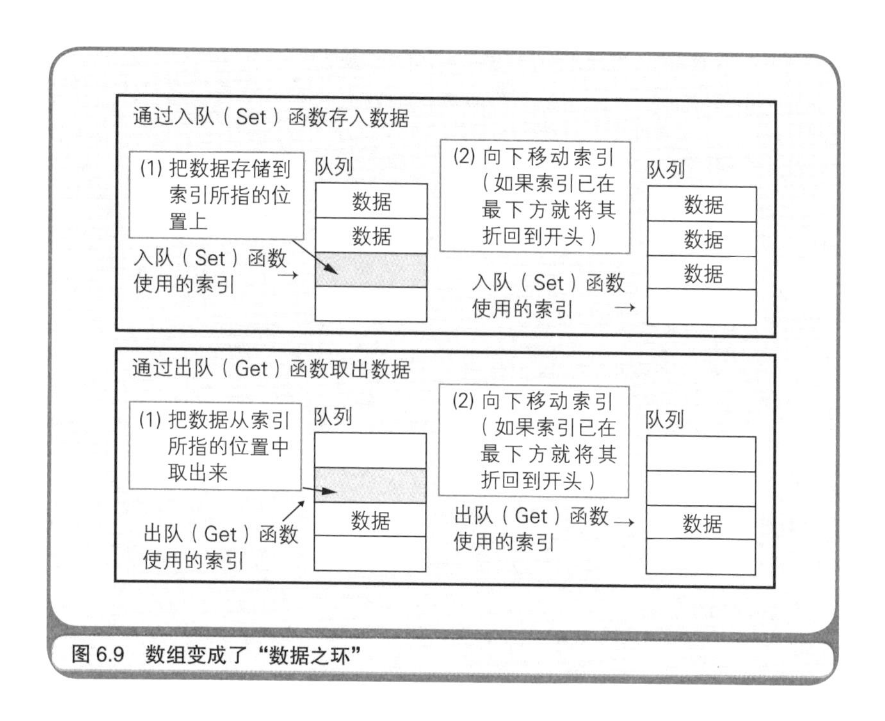

图 6.9　数组变成了“数据之环”

6.6　要点 6：了解结构体的组成

要想理解用 C 语言程序实现链表和二叉树的方法，就必须先了解何谓“结构体”。所谓结构体，就是把若干个数据项汇集到一处并赋予其名字后所形成的一个整体。例如，可以把学生的语文、数学、英语的考试成绩汇集起来，做成一个叫作 TestResult 的结构体。

在代码清单 6.8 中，定义了一个叫作 TestResult 的结构体。C 语言中结构体的定义方法是：先在 struct 这个关键词后面接上结构体的名字（也被称作是结构体的标签），然后在名字后面接上用“{”和“}”括起来的程序块，并在程序块中列出若干个数据项。

代码清单 6.8 结构体汇集了若干个数据项

```
struct TestResult{
    char Chinese;    /* 语文成绩 */
    char Math;       /* 数学成绩 */
    char English;    /* 英语成绩 */
};
```

一旦定义完结构体，就可以把结构体当作是一种数据类型，用它来定义变量。如果把结构体 TestResult 用作数据类型并定义出了一个名为 xiaoming 的变量（代表小明的成绩），那么在内存上就相应地分配出了一块空间，这块空间由用于存储 Chinese、Math、English 这三个成员（Member）数据所需的空间汇集而来。被汇集到结构体中的每个数据项都被称作“结构体的成员”。在为结构体的成员赋值或是读取成员的值时，可以使用形如 xiaoming.Chinese（表示小明的语文成绩）的表达式，即以“.”分割变量和结构体的成员（如代码清单 6.9 所示）。

代码清单 6.9 结构体的使用方法

```
struct TestResult xiaoming;  /* 把结构体作为数据类型定义变量 */
xiaoming.Chinese = 80;       /* 为成员数据 Chinese 赋值 */
xiaoming.Math = 90;          /* 为成员数据 Math 赋值 */
xiaoming.English = 100;      /* 为成员数据 English 赋值 */
```

如果要编写一个用于处理 100 名学生考试成绩的程序，就需要定义一个以 TestResult 为数据类型、包含 100 个元素的数组。通过定义，在内存上就分配出了一块空间，能够存储 100 个数据的集合，每个数据的集合中都含有 Chinese、Math、English 三个数据项（如图 6.10 所示）。接下来只要巧妙地运用结构体的数组就可以实现链表和二叉树了。

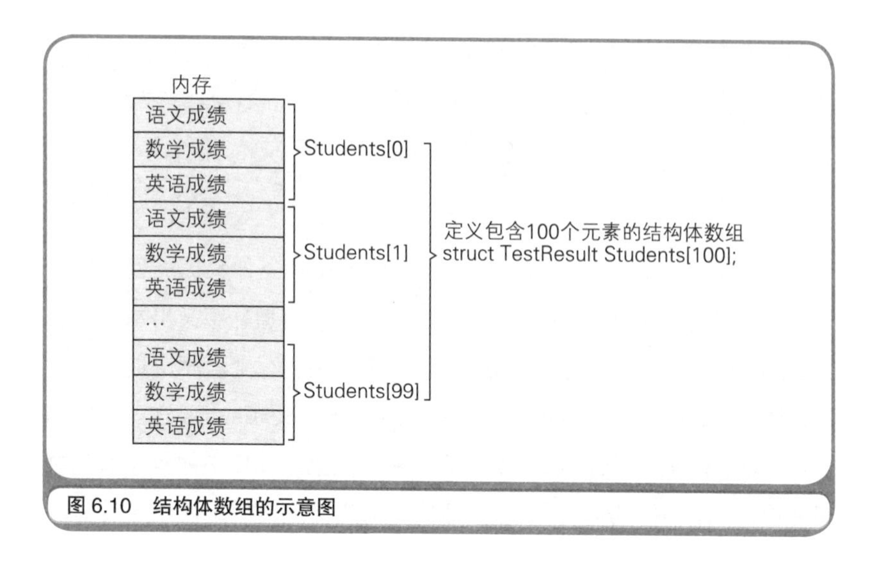

图 6.10　结构体数组的示意图

6.7　要点 7：了解链表和二叉树的实现方法

下面讲解如何使用结构体的数组实现链表。链表是一种类似数组的数据结构，这个“数组”中的每个元素和另一个元素都好像是手拉着手一样。在现有的以结构体 TestResult 为数据类型的数组 Student[100] 中，为了让各个元素“把手拉起来”，就需要在结构体中再添加一个成员（如代码清单 6.10 所示）。

代码清单 6.10　带有指向其他元素指针的自我引用结构体

```
struct TestResult{
    char Chinese;               /* 语文成绩 */
    char Math;                  /* 数学成绩 */
    char English;               /* 英语成绩 */
    struct TestResult* Ptr;     /* 指向其他元素的指针 */
};
```

请诸位注意，这里在结构体 TestResult 中添加了这样一个元素。

```
struct TestResult* Ptr
```

虽然本节不会详细地分析这条语句，但是简单地说，这里的成员 Ptr 存储了数组中另一个元素的地址。在 C 语言中，把存储着地址的变量称为“指针”。这里的“*”（星号）就是指针的标志。诸位可以看到，Ptr 就是以结构体 TestResult 的指针（struct TestResult*）为数据类型的成员。这种特殊的结构体可以称为“自我引用的结构体”。之所以叫这个名字，是因为在结构体 TestResult 的成员中，含有以 TestResult 的指针为数据类型的成员，这就相当于 TestResult 引用了与自身相同的数据类型。

在结构体 TestResult（已变成了自我引用的结构体）的数组中，每个元素都含有一个学生的语文、数学、英语成绩以及成员 Ptr。Ptr 中存储着本元素接下来该与哪一个元素相连的信息，即下一个元素的地址。在链表的初始状态中，会按照元素在内存上的分布情况设定成员 Ptr 的值（如图 6.11 所示）。

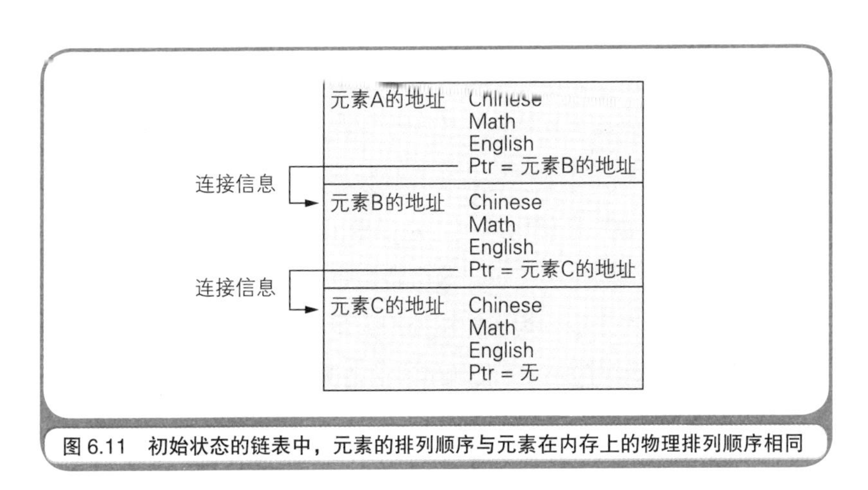

图 6.11　初始状态的链表中，元素的排列顺序与元素在内存上的物理排列顺序相同

那么，接下来就是链表的有趣之处了。因为 Ptr 中存储的是与下一个数组元素的连接信息，所以只要替换了 Ptr 的值，就可以对数组中的

元素排序，使元素的排列顺序不同于其在内存上的物理排列顺序。首先，我们来试着把数组中元素 A 的 Ptr 的值改为元素 C 的地址，然后把元素 C 的 Ptr 的值改为元素 B 的地址。通过这样一改，原有的顺序 A → B → C 就变成了 A → C → B（如图 6.12 所示）。

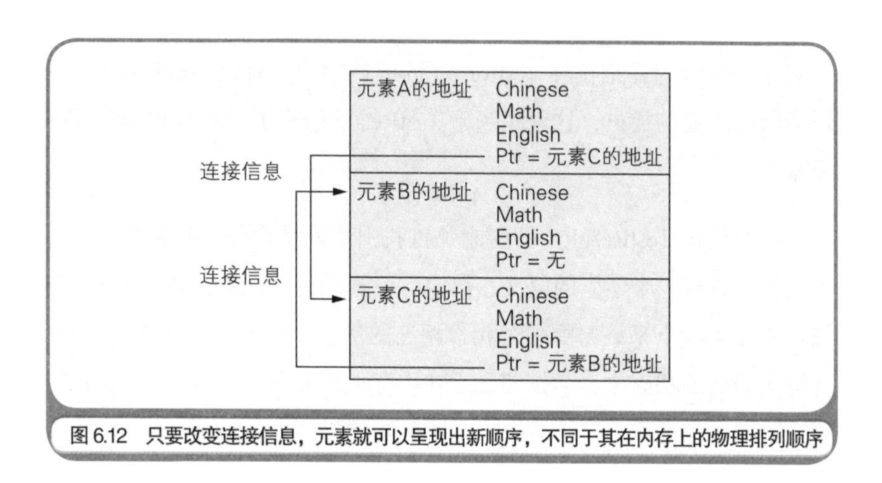

图 6.12 只要改变连接信息，元素就可以呈现出新顺序，不同于其在内存上的物理排列顺序

为什么说链表很方便呢？请思考一下不使用链表且还要对大量的数据进行排序时应该怎么处理。答案是那就必须要改变元素在内存上的物理排列顺序了。这不仅要改变大量数据的位置，而且程序的处理时间也会变长。如果是使用链表，对元素的排序就只需要变更 Ptr 的值，程序的处理时间也会缩短。这个特性也适用于对元素进行删除和插入。在实际的程序中，为了能够处理大量的数据，都会在各种各样的情景下灵活地运用链表。不使用链表的情况倒是很少见。

只要明白了链表的构造，也就明白了二叉树的实现方法。在二叉树的实现中，用的还是自我引用的结构体，只不过要改为要带有两个连接信息的成员的自我引用结构体（如代码清单 6.11 所示）。

代码清单 6.11　带有 2 个链表连接信息的自我引用结构体

```
struct TestResult{
    char Chinese;                /* 语文成绩 */
    char Math;                   /* 数学成绩 */
    char English;                /* 英语成绩 */
    struct TestResult* Ptr1; /* 指向其他元素的指针 1 */
    struct TestResult* Ptr2; /* 指向其他元素的指针 2 */
};
```

二叉树多用于实现那些用于搜索数据的算法，比如“二分查找法”。比起只使用链表，使用二叉树能够更快地找到数据。因为搜索数据时并不是像在简单数组中那样沿一条线搜索，而是寻着二叉树不断生长出来的两根树杈中的某一枝搜索，这样就能更快地找到目标数据了（如图 6.13 所示）。

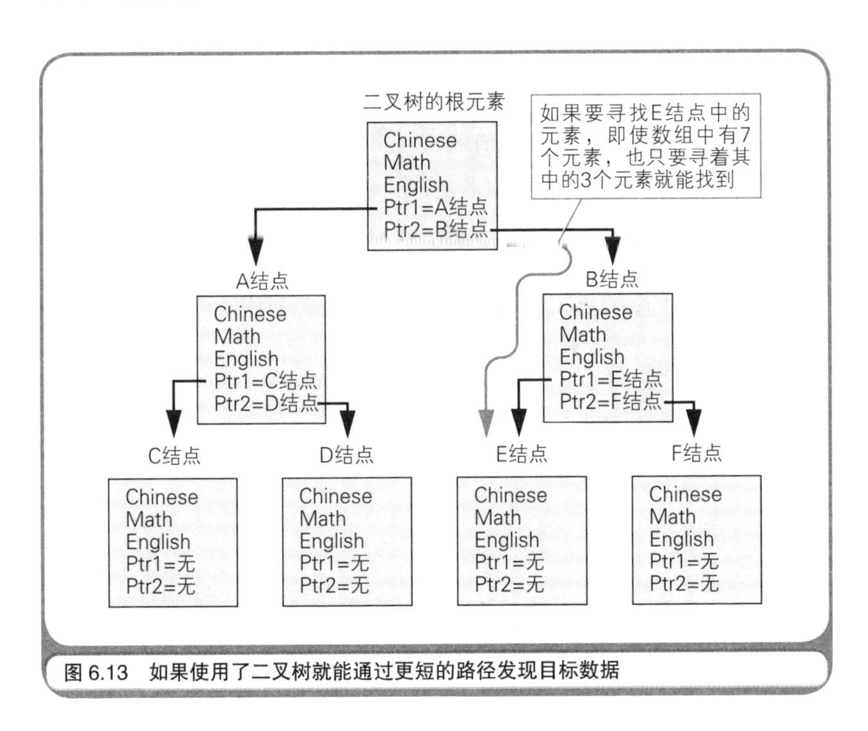

图 6.13　如果使用了二叉树就能通过更短的路径发现目标数据

在 C 语言的教科书等资料中，都会把结构体、指针、自我引用的结构体这些概念放到最后讲解，它们被认为是在 C 语言的应用中最难理解的部分。而诸位却通过学习本章，一下子触及到了这些概念。如果诸位有偏爱的编程语言，也请想一想用那门语言该如何实现栈、队列、链表和二叉树。无论是在哪种编程语言中，数据结构的基础都是数组，因此设法灵活地运用数组才是关键。

通过学习第 5 章和第 6 章，诸位就相当于上完了算法和数据结构基础这门课程。虽然一路讲解了各种各样的要点，但是在最后还是请允许笔者再提醒诸位一点：即便是有了由睿智的学者们提出的那些了不起的算法和数据结构，也不能 100% 地依赖它们。希望诸位要经常自己动脑思考算法和数据结构。在了解了典型的算法和数据结构（也就是基础）之后，请不要忘记还要灵活地去运用它们。只要诸位灵活地去运用典型算法和数据结构，就能创造出出色的原创作品，而能够创造出原创作品的程序员才是真正的技术者。

在接下来的第 7 章中，笔者将从各个角度介绍面向对象编程。敬请期待！

第7章 成为会使用面向对象编程的程序员吧

热身问答

在阅读本章内容前，让我们先回答下面的几个问题来热热身吧。

初级问题

Object 翻译成中文是什么？

中级问题

OOP 是什么的缩略语？

高级问题

哪种编程语言在 C 语言的基础上增加了对 OOP 的支持？

怎么样？被这么一问，是不是发现有一些问题无法简单地解释清楚呢？下面，笔者就公布答案并解释。

初级问题：Object 翻译成中文是“对象”。

中级问题：OOP 是 Object Oriented Programming（面向对象编程）的缩略语。

高级问题：C++ 语言。

解释

初级问题：对象（Object）是表示事物的抽象名词。

中级问题：面向对象也可以简称为 OO（Object Oriented）。

高级问题：++ 是表示自增（每次只将变量的值增加 1）的 C 语言运算符。之所以被命名为 C++，是因为 C++ 在 C 语言的基础上增加了面向对象的机制这一点。另外，将 C++ 进一步改良的编程语言就是 Java 和 C# 语言。

本章重点

在本章笔者想让诸位掌握的是有关面向对象编程的概念。理解面向对象编程有着各种各样的方法，程序员们对它的观点也会因人而异。本章会将笔者至今为止遇到过的多名程序员的观点综合起来，对面向对象编程进行介绍。哪种观点才是正确的呢？这并不重要，重要的是把各个角度的观点整合起来，而后形成适合自己的理解方法。在读完本章后，请诸位一定要和朋友或是前辈就什么是面向对象编程展开讨论。

7.1 面向对象编程

面向对象编程（OOP，Object Oriented Programming）是一种编写程序的方法，旨在提升开发大型程序的效率，使程序易于维护[①]。因此在企业中，特别是管理层的领导们都青睐于在开发中使用面向对象编程。因为如果开发效率得以提高、代码易于维护，那么就意味着企业可以大幅度地削减成本（开发费用 + 维护费用）。甚至可以这样说，即使管理者们并不十分清楚面向对象编程到底是什么，他们也还是会相信“面向对象编程是个好东西”。

但是在实际的开发工作中，程序员们却有一种对面向对象编程敬而远之的倾向。原因在于他们不得不重新学习很多知识，还会被新学到的知识束缚自己的想法，导致无法按照习惯的思维开发。以笔者写书的经验来看，如果是讲解传统的编程方法，那么只需要写一本书就够了，而讲解面向对象编程则需要写两本书。直说的话就是面向对象编程太麻烦了。甚至还曾听到过这样的传言：若是在面向开发人员的杂

① 这里所说的维护指的是对程序功能的修改和扩展。

志中刊登了标题中含有面向对象编程的专栏，那么仅凭这一点，杂志的销路就好不了。

虽然现状如此，但是还是让笔者讲解一下面向对象编程吧。因为在未来的开发环境中，将成为主流的不是 Java 就是 .NET[①]，而无论选择哪个，面向对象编程的知识都是不可或缺的。这使得在这之前还对其敬而远之的程序员们也不得不迎头赶上了，因为他们已经没有退路了。

的确，精通面向对象编程需要花费大量时间。所以请诸位先通过阅读本章，掌握一些基础知识，至少能够说出面向对象是什么。然后再为实践面向对象编程而开始踏踏实实的深层学习吧。

7.2　对 OOP 的多种理解方法

在计算机术语辞典等资料中，常常对面向对象编程做出了如下定义。

面向对象编程是一种基于以下思路的程序设计方法：将关注点置于对象（Object）本身，对象的构成要素包含对象的行为及操作[②]，以此为基础进行编程。这种方法使程序易于复用，软件的生产效率因而得以提升。其中所使用的主要编程技巧有继承、封装、多态三种。

这段话足以作为对术语的解释说明，但是仅凭这段话我们还是无法理解面向对象编程的概念。

① 原作写于 2003 年，所以当时的情况和当时对未来的展望可能和今天的状况多少有些出入。——译者注

② 在 C 语言中，结构体是数据的集合，它将数据捆绑在一起，使得我们可以将这些数据看作是一个整体。而对结构体中的数据进行操作的函数却写在了结构体的外部。然而在面向对象编程中，将表示事物行为的函数也放入了这个整体，这就形成了对象的概念，使得这个整体既能描述属性，又能描述行为。——译者注

“面向对象编程是什么？”如果去问十名程序员，恐怕得到的答案也会是十种。就此打个可能稍微有点特别的比方吧。有几个人去摸一只刺猬，但他们看不到刺猬的全身。有的人摸到了刺猬的后背，就会说“摸起来扎手，所以是像刷子一样的东西”；而有的人摸到了刺猬的尾巴，就会说“摸起来又细又长，所以是像绳子一样的东西”（如图 7.1 所示）。同样的道理，随着程序员看问题角度的不同，对面向对象编程的理解也会是仁者见仁、智者见智。

图 7.1 面向对象编程是什么？

那么到底哪种理解方法才是正确的呢？其实无论是哪种方法，只要能够通过实际的编程将其付诸实践，那么这种方法就是正确的。诸位也可以用自己的理解方法去实践面向对象编程。虽然是这么说，但如果仅仅学到了片面的理解方法，也是无法看到面向对象编程的全貌的，会感到对其概念的理解是模模糊糊的。因此，下面我们就把各种各样的理解方法和观点综合起来，以此来探究面向对象编程的全貌吧。

7.3 观点1：面向对象编程通过把组件拼装到一起构建程序

在面向对象编程中，使用了一种称为"类"的要素，通过把若干个类组装到一起构建一个完整的程序。从这一点来看，可以说类就是程序的组件（Component）。面向对象编程的关键在于能否灵活地运用类。

首先讲解一下类的概念。在第1章中讲解过，无论使用哪种开发方法，编写出来的程序其内容最终都会表现为数值的罗列，其中的每个数值要么表示"指令"，要么表示作为指令操作对象的"数据"。程序最终就是指令与数据的集合。

在使用古老的C语言或BASIC等语言编程时（它们不是面向对象的编程语言，即不是用于表达面向对象编程思想的语言），用"函数"表示指令，用"变量"表示数据。对于C语言或是BASIC的程序员而言，程序就是函数和数据的集合。在代码清单7.1中，用FunctionX的形式为函数命名，用VariableX的形式为变量命名。

代码清单7.1 程序是函数和变量的集合（C语言）

```
int Variable1;
int Variable2;      } 变量
int Variable3;
…
void Function1() { 处理过程 }
void Function2() { 处理过程 }  } 函数
void Function3() { 处理过程 }
…
```

在大型程序中需要用到大量的函数和变量。假设要用非面向对象的编程方法编写一个由 10000 个函数和 20000 个变量构成的程序，那么结果就很容易是代码凌乱不堪，开发效率低到令人吃惊，维护起来也十分困难。

于是一种新的编程方法就被发明出来了，即把程序中有关联的函数和变量汇集到一起编成组。这里的组就是类。在 C++、Java、C# 等面向对象编程语言中，语法上是支持类的定义的。在代码清单 7.2 中，就定义了一个以 MyClass 为名称的类。因为程序的构成要素中只有函数和变量，所以把它们分门别类组织起来的类也理所当然地成了程序的组件。通常把汇集到类中的函数和变量统称为类的“成员”（Member）。

为了使 C 语言支持面向对象编程，人们扩充了它的语法，开发出了 C++ 语言。而通过改良 C++ 又开发出了 Java 和 C#。在本章中，将会分别介绍用 C 语言、C++、Java 和 C# 编写的示例程序。诸位在阅读时只需抓住其大意即可，不必深究每个程序的具体内容。

代码清单 7.2　定义类 MyClass，将函数和变量组织到一起（C++）

```
class MyClass ———————————————— 类名
{
    int Variable1;                       ┐
    int Variable2;                       │
    …                                    │类的成员
    void Function1() { 处理过程 }        │（变量和函数）
    void Function2() { 处理过程 }        ┘
    …
};
```

7.4 观点2：面向对象编程能够提升程序的开发效率和可维护性

在使用面向对象编程语言开发时，并不是所有的类都必须由程序员亲自编写。大部分的类都已内置于面向对象编程语言中了，这些类可以为来自各个领域的程序员所使用。通常将像这样的一组类（一组组件）称作“类库”。通过利用类库可以提升编程的效率。还有一些类原本是为开发其他程序而编写的，如果可以把这些现成的类拿过来使用，那么程序的开发效率就更高了。

所谓企业级的程序，指的是对可维护性有较高要求的程序。可维护性体现在当程序投入使用后对已有功能的修改和新功能的扩充上。如果所维护的程序是用一组类组装起来的话，那么维护工作就轻松了。之所以这样说，是因为作为维护对象的函数和变量，已经被汇聚到名为类的各个组中了。举例来说，假设我们已经编写出了一个用于员工薪资管理的程序。随着薪资计算规则的变更，程序也要进行修改，那么需要修改的函数和变量就应该已经集中在一个类中了，比如一个叫作 CalculationClass 的类（如图 7.2 所示）。也就是说，维护时没有必要去检查所有的类，只需修改类 CalculationClass 就可以了。关于可维护性，在第 12 章中还会继续介绍。

“我是创造类的人，你是使用类的人”——在实际应用面向对象编程时要带着这个感觉。开发小组中的全体成员没有必要都对程序中的方方面面有所了解，而是组中有些人只负责制作组件（类），有些人只负责使用组件。当然也会有需要同时做这两种工作的情况。另外，还可以把一部分组件的开发任务委托给合作公司，或者买来商业组件使用。

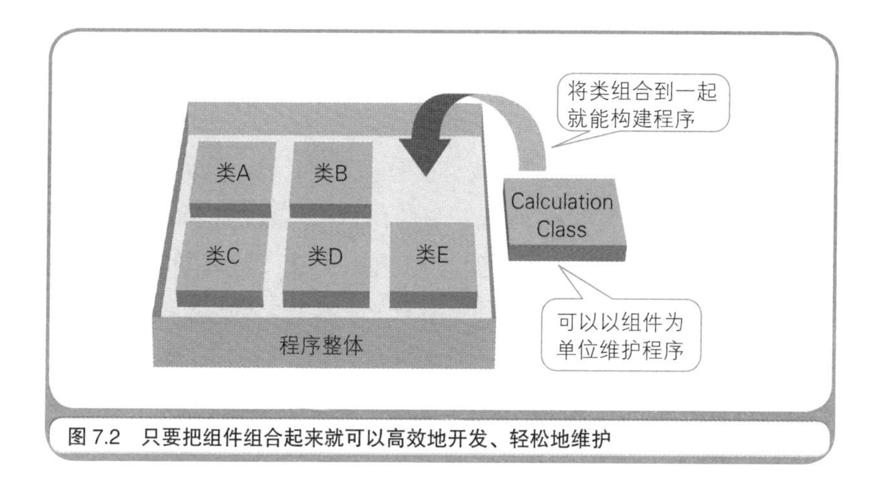

图 7.2 只要把组件组合起来就可以高效地开发、轻松地维护

对于创造类的程序员，他们考虑的是程序的开发效率和可维护性，并决定应该将什么抽象为类。如果一个类的修改导致其他的类就也要跟着修改，这样的设计是不行的。必须把组件设计成即使是坏了（有缺陷了）也能轻松地替换，就像在汽车或家电等工业制品中所使用的组件那样。

在功能升级后，旧组件能够被新组件所替换的设计也是必不可少的。因此，创造者和使用者之间就需要事先商定类的使用规范。请诸位记住，对于类的使用者而言“类看起来是什么样子的”这种关于规范的描述通常被称为“接口”（Interface）。例如只要把接口告诉合作公司，就可以要求他们编写类，编写出的类也就自然能够与程序中的其他部分严丝合缝地拼装起来。在面向对象语言中，也提供了用于定义接口的语法。

7.5　观点3：面向对象编程是适用于大型程序的开发方法

通过之前的介绍，诸位应该也理解了为什么说面向对象编程适用于编写大型程序。假设一个程序需要10000个函数和20000个变量，如果把这个程序用100个类组织起来，那么平均一个类里就只有100个函数和200个变量了。程序的复杂度也就降到了原来的1%。而如果使用了稍后将会讲解的封装这种编程技巧（即将函数和变量放入黑盒，使其对外界不可见），还可以更进一步降低复杂度。

在讲解面向对象编程的书籍和杂志文章中，由于受到篇幅的限制，往往无法刊登大篇幅的示例程序。而通过短小的程序恐怕又无法把面向对象编程的优点传达出来。当然本书也不例外。所以就要请诸位读者一边假想着自己在开发一个大型程序，一边阅读本书的解说。

为了拉近计算机和人的距离，使计算机成为更容易使用的机器，围绕着计算机的各种技术都在不断发展。在人的直觉中，大件物品都是由组件组装起来的。因此可以说面向对象编程方法把同样的直觉带给了计算机，创造了一种顺应人类思维习惯的先进的开发方法。

7.6　观点4：面向对象编程就是在为现实世界建模

程序可以在计算机上实现现实世界中的业务和娱乐活动。计算机本身并没有特定的用途，而是程序赋予了计算机各种各样的用途。在面向对象编程中，可以通过“这个是由什么样的对象构成的呢？”这样的观点来分析即将转换成程序的现实世界。这种分析过程叫作“建模”。可以说建模对于开发者而言，反映的是他们的世界观，也就是在他们的眼中现实世界看起来是什么样子的。

在实际建模的过程中，要进行“组件化”和“省略化”这两步。所谓组件化，就是将可看作是由若干种对象构成的集合的现实世界分割成组件。因为并不需要把现实世界 100% 地搬入到程序中，所以就可以忽略掉其中的一部分事物。举例来说，假设要为巨型喷射式客机建模，那么就可以从飞机上抽象归类出机身、主翼、尾翼、引擎、轮子和座席等组件（如图 7.3 所示）。而像是卫生间这样的组件，不需要的话就可以省略。“建模”这个词也可以理解为是制作塑料模型。虽然巨型喷射式客机的塑料模型有很多零件，但是其中应该会省略掉卫生间吧，因为这对于塑料模型来说不是必需的。

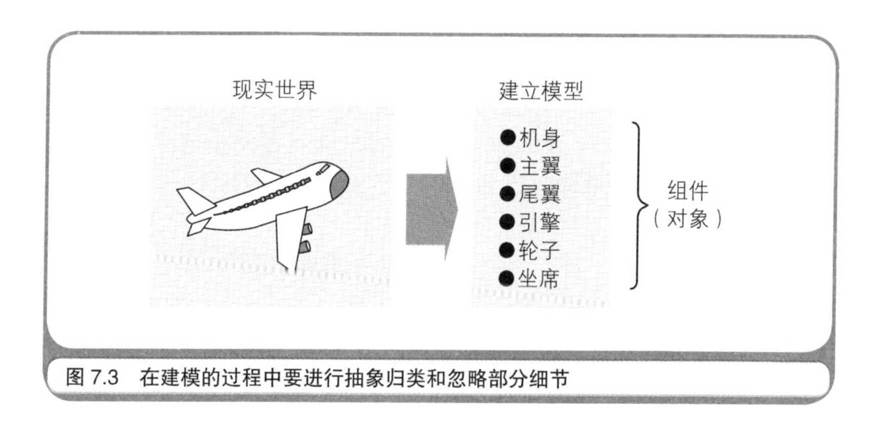

图 7.3 在建模的过程中要进行抽象归类和忽略部分细节

7.7 观点 5：面向对象编程可以借助 UML 设计程序

可以说建模就是在为面向对象编程做设计。为了把对现实世界建模的结果以图形的形式表示出来，还经常使用被称作 UML（Unified Modeling Language，统一建模语言）的表记方法。UML 是通过统一历史上曾经出现的各种各样的表记方法而发明出来的，事实上 UML 已经成为了建模表记方法中的世界标准。

在UML中，规定了九种图(见表7.1)。之所以有这么多种，是为了从各种各样的角度表示对现实世界建模的结果。例如用例图是从用户的角度，即用户使用程序的方式出发表示建模结果的一种图。而类图等出发的角度则是程序。

表7.1 UML中规定的九种图

名称	主要用途
用例图(Use Case Diagram)	表示用户使用程序的方式
类图(Class Diagram)	表示类以及多个类之间的关系
对象图(Object Diagram)	表示对象
时序图(Sequence Diagram)	从时间上关注并表示多个对象间的交互
协作图(Collaboration Diagram)	从合作关系上关注并表示多个对象间的交互
状态图(Statechart Diagram)	表示对象状态的变化
活动图(Activity Diagram)	表示处理的流程等
组件图(Component Diagram)	表示文件以及多个文件之间的关系
配置图(Deployment Diagram)	表示计算机或程序的部署配置方法

UML仅仅规定了建模的表记方法，并不专门用于面向对象编程。因此公司的组织架构图和业务流程图等也可以使用UML表记。

“这儿可有九种图呢，记忆起来很吃力啊”——也许会有人这么想吧。但是可以换一种积极的想法来看待它。既然UML被广泛地应用于绘制面向对象编程的设计图，那么只要了解了UML中仅有的这九种图的作用，就可以从宏观的角度把握并理解面向对象编程思想了。怎么样，如果这样想的话，就应该会对学习UML跃跃欲试了吧。

图7.4中有一个UML类图的示例。图中所画的类表示的正是前面代码清单7.2中的类MyClass。将一个矩形分为上中下三栏，在上面的一栏中写入类名，中间的一栏中列出变量(在UML中称为“属性”)，在下面的一栏中列出函数(在UML中称为“行为”或是“操作”)。

在进行面向对象编程的设计时，要在一开始就把所需要的类确定下来，然后再在每个类中列举出该类应该具有的函数和变量，而不要到了后面才把零散的函数和变量组织到类中。也就是说，要一边观察作为程序参照物的现实世界，一边思考待解决的问题是由哪些事物（类）构成的。正因为在设计时要去关注对象，这种编程方法才被称为面向对象编程（Object Oriented Programming，其中的 Oriented 就是关注的意思）。而在那些传统的开发方法中，进行设计则是要先考虑程序应该由什么样的功能和数据来构成，然后立即确定与之相应的函数和变量。与此相对在面向对象编程的设计中，因为一上来就要确定有哪些类，从而构成程序的函数和变量就必然会被组织到类中。

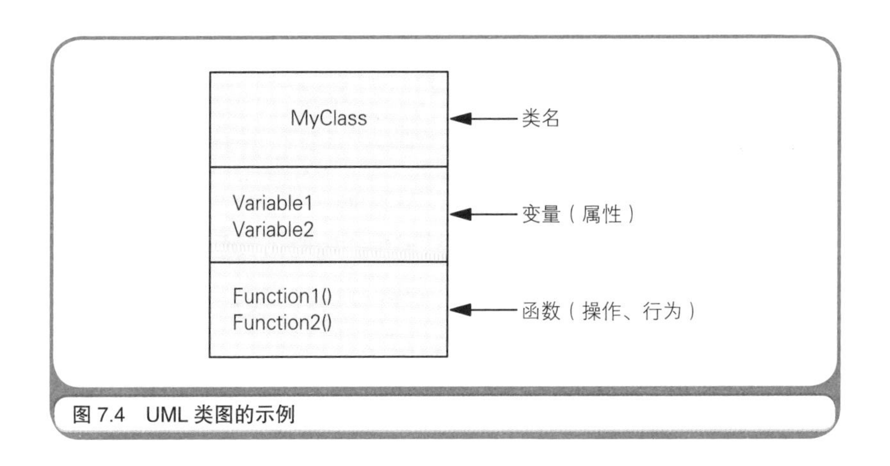

图 7.4　UML 类图的示例

7.8　观点 6：面向对象编程通过在对象间传递消息驱动程序

假设要编写这样一个程序，玩家 A 和玩家 B 玩剪刀石头布，由裁判判定输赢。如果使用作为非面向对象编程语言的 C 语言编写，程序就会像代码清单 7.3 中那样；如果使用作为面向对象编程语言的 C++ 编写，程序就会像代码清单7.4中那样。诸位能看出其中的差异吗？

代码清单 7.3　未使用面向对象编程语言的情况（C 语言）

```
/* 玩家 A 确定手势 */
a = GetHand();

/* 玩家 B 确定手势 */
b = GetHand();

/* 判定胜负 */
winner = GetWinner(a, b);
```

代码清单 7.4　使用了面向对象编程语言的情况（C++）

```
// 玩家 A 确定手势
a = PlayerA.GetHand();

// 玩家 B 确定手势
b = PlayerB.GetHand();

// 由裁判判定胜负
winner = Judge.GetWinner(a, b);
```

在C语言的代码中，仅仅使用了GetHand()和GetWinner()这种独立存在的函数。与此相对在C++的代码中，因为函数是隶属于某个类的，所以要使用PlayerA.GetHand()这样的语法，表示属于类PlayerA的函数GetHand()。

也就是说用C++等面向对象编程语言编写程序的话，程序可以通过由一个对象去调用另一个对象所拥有的函数这种方式运行起来。这种调用方式被称为对象间的“消息传递”。在面向对象语言中所说的消息传递指的就是调用某个对象所拥有的函数。即便是在现实世界中，我们也是通过对象间的消息传递来开展业务或度过余暇的。在面向对象编程中还可以对对象间的消息传递建立模型。

如果未使用面向对象编程语言，那么可以用流程图表示程序的运行过程。流程图表示的是处理过程的流程，因此通常把非面向对象语言称为“过程型语言”。而且可以把面向对象编程语言和面向过程型语言，面向对象编程和面向过程编程分别作为一对反义词来使用。

如果使用的是面向对象编程语言，那么可以使用 UML 中的“时序图”和“协作图”表示程序的运行过程。在图 7.5 中对比了流程图和时序图。关于流程图已经没有必要再进行介绍了吧。在时序图中，把用矩形表示的对象横向排列，从上往下表示时间的流逝，用箭头表示对象间的消息传递（即程序上的函数调用）。诸位在这里只需要抓住图中的大意即可。

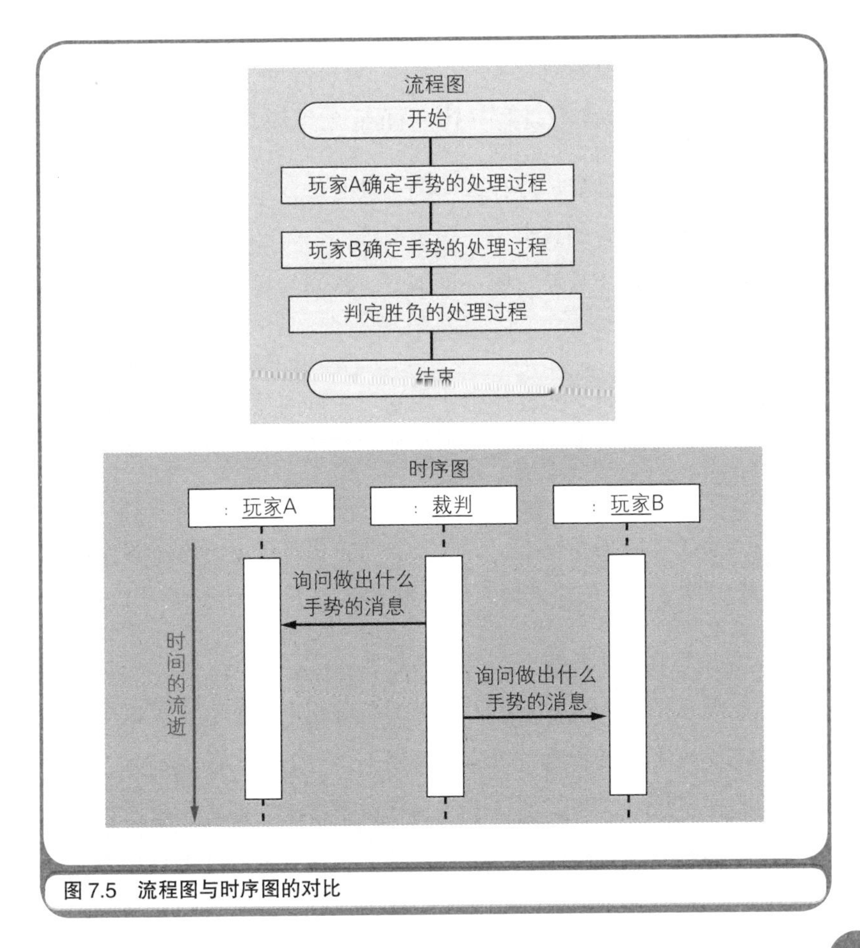

图 7.5　流程图与时序图的对比

沉浸在面向过程编程中的程序员们通常都习惯于用流程图思考程序的运行过程。可是为了实践面向对象编程，就有必要改用时序图来考虑程序的运行过程。

7.9 观点7：在面向对象编程中使用继承、封装和多态

“继承”（Inheritance）、“封装”（Encapsulation）和“多态”（Polymorphism，也称为多样性或多义性）被称为面向对象编程的三个基本特性。在作为面向对象编程语言的C++、Java、C#等语言中，都已具备了能够用程序实现以上三个特性的语法结构。

继承指的是通过继承已存在的类所拥有的成员而生成新的类。封装指的是在类所拥有的成员中，隐藏掉那些没有必要展现给该类调用者的成员。多态指的是针对同一种消息，不同的对象可以进行不同的操作。

其实仅仅介绍如何在程序中使用这三个基本特性，就已经需要一本书了。因而有很多人就会被所学到的语法结构和编程技术中涉及的大量知识所束缚，以致不能按照自己的想法编写程序。其实只要沉静下来，不拘泥于语法和技术，转而去关注使用这三个特性所带来的好处，就能顺应着自己的需求恰当地使用面向对象编程语言了。

只要去继承已存在的类，就能高效地生成新的类。如果一个类被多个类所继承，那么只要修正了这个类，就相当于把继承了这个类的所有类都修正了。只要通过封装把外界不关心的成员隐藏起来，类就可以被当作是黑盒，变成了易于使用且便于维护的组件了。而且由于隐藏起来的成员不能被外界所访问，所以也就可以放心地随意修改这

些成员。只要利用了多态，生成对同一个消息可以执行多种操作的一组类，使用这组类的程序员所需要记忆的东西就减少了。总之，无论是哪一点，都是面向对象编程所带来的好处，都可以实现开发效率和可维护性的提升。

稍后将会介绍如何在实际的编程中使用继承。为了对类进行封装，需要在类成员的定义前指定关键词 public（表示该成员对外可见）或是 private（表示该成员对外不可见）。之前的代码清单 7.2 中省略了这些关键词。实现多态可以有多种方法，感兴趣的读者可以去翻阅面向对象语言的教材等相关资料。

7.10 类和对象的区别

前面介绍了有关面向对象的几种观点。诸位读者应该已经了解面向对象编程是怎么一回事了吧。但是请允许笔者再补充一些面向对象编程中必不可少的知识。

首先，要说明一下类和对象的区别。在面向对象编程中，类和对象被看作是不同的概念而予以区别对待。类是对象的定义，而对象是类的实例（Instance）。经常有教材这样说明二者之间的关系：类是做饼干的模具，而用这个模具做出来的饼干就是对象。虽然这是个有趣的比喻，但是如果这样类比的话，就有可能无法看清二者在实际编程中的关系（如图 7.6 所示）。

在之前的代码清单 7.2 所示的程序中，定义了一个类 MyClass。但是我们还无法直接使用类 MyClass 所持有的成员，要想使用就必须在内存上生成该类的副本，这个副本就是对象（如代码清单 7.5 所示）。

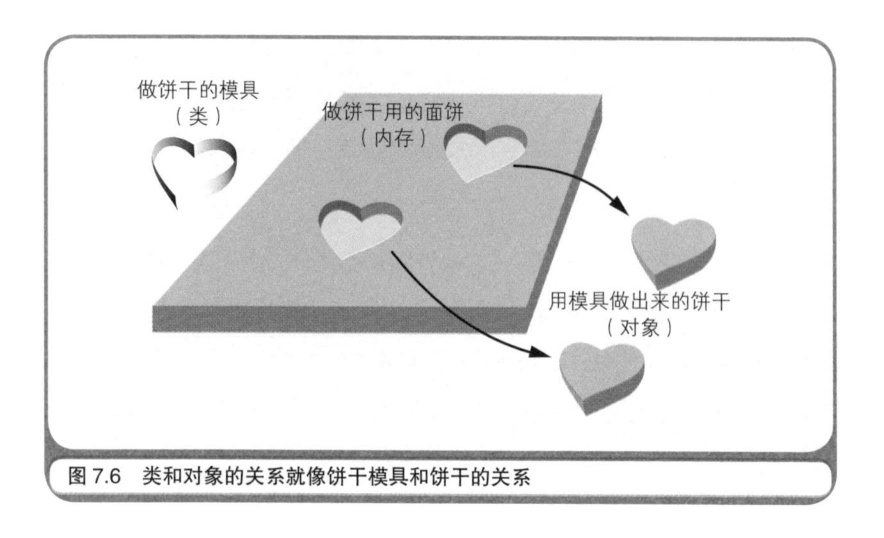

图 7.6 类和对象的关系就像饼干模具和饼干的关系

代码清单 7.5 先创建类的对象然后再使用（C++）

```
MyClass obj;            // 创建对象
obj.Variable = 123;     // 使用对象所持有的变量
obj.Function();         // 使用对象所持有的函数
```

先要创建一个个的对象然后才能使用类中定义的成员，对于面向对象语言的初学者而言，他们会认为这样做很麻烦。但是也只能这样做，因为面向对象语言就是这样规定的。可是为什么要确立这样的规则呢？原因是即便是在现实世界中，也有类（定义）和对象（实体）的区别。举例来说，假设我们定义了一个表示企业中雇员的类 Employee。如果仅仅是定义完就可以立刻使用类 Employee 中的成员，那么程序中实际上就只能存在一名雇员。而如果规定了要先创建类 Employee 的对象才能使用，那么就可以需要多少就创建多少雇员了（通过在内存上创建出类 Employee 的副本）。在这一点上，稍后将要介绍的具有两个文本框的 Windows 应用程序也是如此，也就是说这个程序创建了两个文本框类的对象。

这样的话，就更能理解“类是做饼干的模具，用模具做出来的饼干是对象”这句话的含义了吧。有了一个做饼干的模具（类），那么需要多少就能做出多少饼干（对象）。

7.11 类有三种使用方法

前面已经介绍过了，在面向对象编程中程序员可以分工，有的人负责创建类，有的人负责使用类。创建类的程序员需要考虑类的复用性、可维护性、如何对现实世界建模以及易用性等，而且还要把相关的函数和变量汇集到类中。这样的工作称为“定义类”。

而使用类的程序员可以通过三种方法使用类，关于这一点诸位要有所了解。这三种方法分别是：1. 仅调用类所持有的个别成员（函数和变量）；2. 在类的定义中包含其他的类（这种方法被称作组合）；3. 通过继承已存在的类定义出新的类。应该使用哪种方法是由目标类的性质以及程序员的目的决定的。

在诸位平时所见的程序背后，程序员们也是按照上述三种方法使用类的。代码清单 7.6 中列出了一段用 C# 编写的 Windows 应用程序。当用户点击按钮，就会弹出一个消息框，里面显示的是输入到两个文本框中的数字进行加法运算后的结果（如图 7.7 所示）。

诸位在这里不需要深究程序代码的含义，而是要把注意力集中到类的三种使用方法上。在这个程序中，表示整体界面的是以 Form1 为类名的类。类 Form1 继承了类库中的类 System.Windows.Forms.Form。在 C# 中用冒号“:”表示继承。在窗体上，有两个文本框和一个按钮，用程序来表示的话，就是类 Form1 的成员变量分别是以类 System.Windows.Forms.TextBox（文本框类）为数据类型的 textBox1、textBox2，和以类 System.Windows.Forms.Button（按钮类）为数据类型的 button1。像这样类中就包含了其他的类，也可以说是类中引用了其他的类。而代码中的 Int32.Parse 和 MessageBox.Show，只不过是个别调用了类中的函数。

代码清单 7.6 进行加法运算的 Windows 应用程序（用 C# 编写）

```
public class Form1 : System.Windows.Forms.Form  ——通过继承使用
{
    private System.Windows.Forms.TextBox textBox1;
    private System.Windows.Forms.TextBox textBox2;  } 通过组合使用
    private System.Windows.Forms.Button button1;
        ...
    private void button1_Click(object sender,
    System.EventArgs e)
    {
        int a, b, ans;
        a = Int32.Parse(textBox1.Text);
        b = Int32.Parse(textBox2.Text);        调用类的成员
        ans = a + b;
        MessageBox.Show(ans.ToString());
    }
}
```

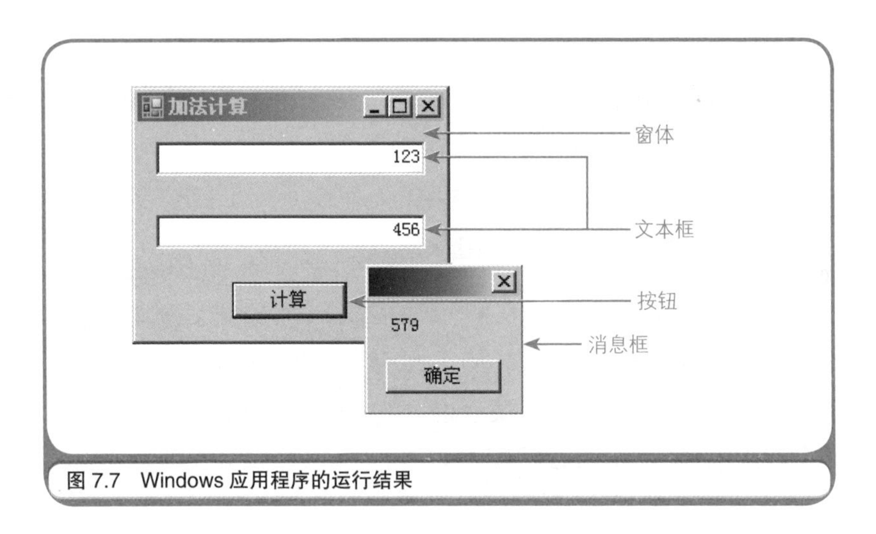

图 7.7 Windows 应用程序的运行结果

7.12 在 Java 和 .NET 中有关 OOP 的知识不能少

在本章的最后，笔者来解释一下为什么说程序员已经到了无法逃避面向对象编程的地步了。在未来的开发环境中，将成为主流的不是 Java 就是 .NET。Java 和 .NET 其实是位于操作系统（Windows 或 Linux 等）之上，旨在通过隐藏操作系统的复杂性从而提升开发效率的程序集，这样的程序集也被称作“框架”（Framework）。框架由两部分构成，一部分是负责安全执行程序的“执行引擎”，另一部分是作为程序组件集合的“类库”（如图 7.8 所示）。

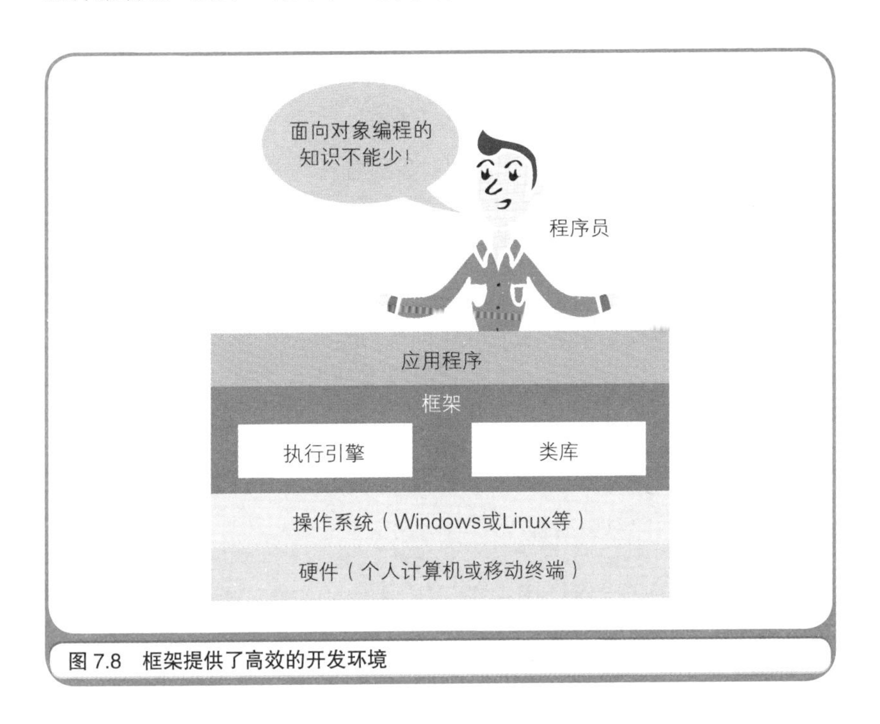

图 7.8　框架提供了高效的开发环境

无论是使用 Java 还是 .NET，都需要依赖类库进行面向对象编程。在 Java 中，使用的是与框架同名的 Java 语言。而在 .NET 中，使用的

是 .NET 框架支持的 C#、Visual Basic.NET、Visual C++、NetCOBOL 等语言进行开发。上述的每种语言都是面向对象语言。其中 Visual Basic.NET 和 NetCOBOL 是在古老的 Visual Basic 和 COBOL 语言中增加了面向对象的特性（类的定义、继承、封装和多态等）而诞生的新语言。至今还对面向对象编程敬而远之的程序员们，你们已经不得不迎头赶上了。不要再觉得麻烦什么的了，以享受技术进步的心情开始学习面向对象编程吧！

☆ ☆ ☆

通过综合整理面向对象的各种理解方法，相信诸位已经能看到面向对象的全貌了。但这里还有一点希望诸位注意，那就是请不要把面向对象当成是一门学问。程序员是工程师，工程是一种亲身参与的活动而不是一门学问。请诸位把面向对象编程作为一种能提升编程效率、写出易于维护的代码的编程方法，在适当的场合实践面向对象编程，而不要被它各种各样的概念以及所谓的编程技巧所束缚。

面向对象编程就是通过把组件拼装到一起进行编程的方法——笔者曾经明确下过这样的结论，也是以此为理念进行实践的。但是也许有人会摆出学者的那一套理论：“你还没有明白面向对象编程的理念，你这个是面向组件编程！”如果真有人这样说，笔者就会反问他：“这么说你正在实践面向对象编程吗？”

在接下来的第 8 章，笔者将一改编程的话题，开始讲解数据库。敬请期待！

第8章 一用就会的数据库

热身问答

在阅读本章内容前，让我们先回答下面的几个问题来热热身吧。

初级问题

数据库术语中的“表”是什么意思？

中级问题

DBMS 是什么的简称？

高级问题

键和索引的区别是什么？

怎么样？被这么一问，是不是发现有一些问题无法简单地解释清楚呢？下面，笔者就公布答案并解释。

答案

初级问题：表（Table）就是被整理成表格形式的数据。

中级问题：DBMS 是 Database Management System（数据库管理系统）的简称。

高级问题：键用于设定表和表之间的关系（Relationship），而索引是提升数据检索速度的机制。

解释

初级问题：一张表由若干个列和行构成。列也被称为字段（Field），行也被称为记录（Record）。

中级问题：市面上的 DBMS 有 SQL Server、Oracle、DB2 等。无论是哪种 DBMS 都可以用基本相同的 SQL 语句操作。

高级问题：其上每个值都能够唯一标识一条记录的字段称为主键。为了在表和表之间建立关系而在表中添加的、其他表主键的字段称为外键。而索引是与键无关的机制。

本章
重点

前面的章节讲解的是计算机的构造和程序设计。而本章一改之前的主题，来讲一讲数据库。像 DBMS、关系型数据库、SQL（ Structured Query Language，结构化查询语言)、事务 (Transaction) 之类的数据库术语，想必诸位都有所耳闻吧。可是应该也有很多人觉得自己好像是明白了这些术语的意思，实际上却并没有真正地理解。不仅是数据库，其他计算机技术也一样，不实际地应用，就不能充分掌握。

本章首先介绍数据库的概况，然后通过文字的描述，请诸位体验一下编写简单的数据库应用程序的过程。这样就不但能理解数据库术语的含义，而且还能灵活应用这些知识了。还有一点请诸位明白，在编写数据库应用程序时，可以采用各种各样的方法，而本章所介绍的方法仅仅是其中的一种。

8.1 数据库是数据的基地

所谓数据库 (Database) 就是数据 (Data) 的基地 (Base)。在实施企业的商业战略时，如果企业内的数据散布在各个地方，在更新和检索时就要花费大量时间，分析起来就会很麻烦。但是只要把企业内的数据预先汇集到一个“基地”中并加以整理，各个部门中充满干劲的员工就可以根据需要灵活地使用这些数据。这个数据的基地就是数据库。虽然使用纸质文件整理出来的数据也可以称为数据库，但是利用善于处理数据的计算机整理会更加方便。因为计算机是提高手工工作效率的工具，所以就成为了数据的基地。

把数据存储到计算机中以后，为了将其整理得易于使用，就不得不考虑其存储方式。在手工作业的阶段，通常是像账单或名片那样，把所需的信息汇集到一张纸上。将这样的数据存储形式原封不动地移植到计算机中，就形成了“卡片型数据库”。存储一条数据就好比把一张账单或是名片上的信息记录到一个文件中。卡片型数据库适用于想要实现小规模的数据库的情况。像是地址簿管理程序、存储 Web 电子公告板上的评论等，使用的都是卡片型数据库（如图 8.1 所示）。

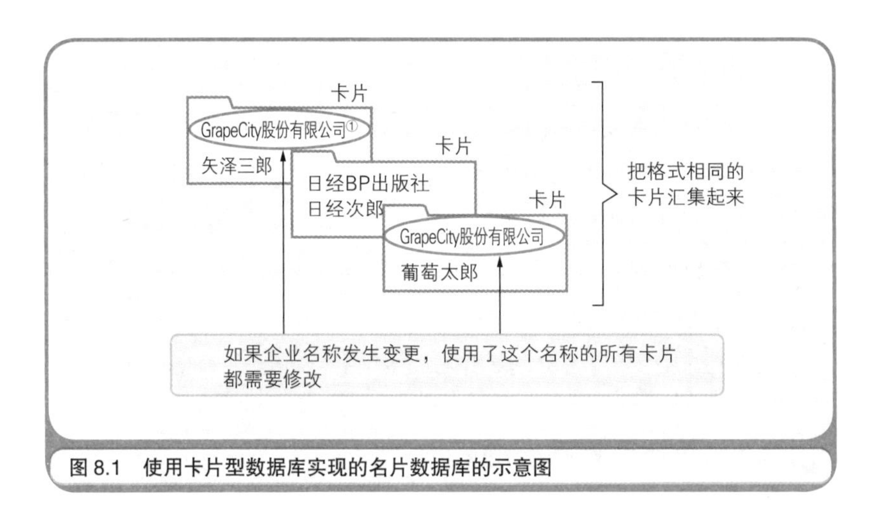

图 8.1　使用卡片型数据库实现的名片数据库的示意图

可是，如果要实现能够管理企业所有信息的大规模数据库，卡片型数据库就无能为力了。这是因为卡片与卡片之间缺乏关联性，因此也就难以记录像是“A 公司向 B 公司出售了商品”这样的信息。诸位看了图 8.1 后就会明白，假设公司名称由“GrapeCity 股份有限公司”变更为“葡萄城股份有限公司”，那么麻烦的工作就来了，所有记录了“GrapeCity 股份有限公司”的卡片都需要修改。

① GrapeCity（葡萄城）是一家软件研发公司，总部位于日本仙台，另外在中国、美国、印度、蒙古都设有分支机构。——译者注

适合存储大规模数据的是关系型数据库（Relational Database）。在关系型数据库中，数据被拆分整理到多张表中，同时表与表之间的关系也可以被记录下来。对于上面的例子，只要把数据分别存储到企业表和个人表中，再在这两张表间建立关系，那么在公司名称变更时，只需要更新企业表中的一项数据就能解决问题了，即把企业表中的“GrapeCity 股份有限公司”改为“葡萄城股份有限公司”即可（如图 8.2 所示）。同时也就能够很方便地记录像是“A 公司向 B 公司出售了商品”这样的数据了。

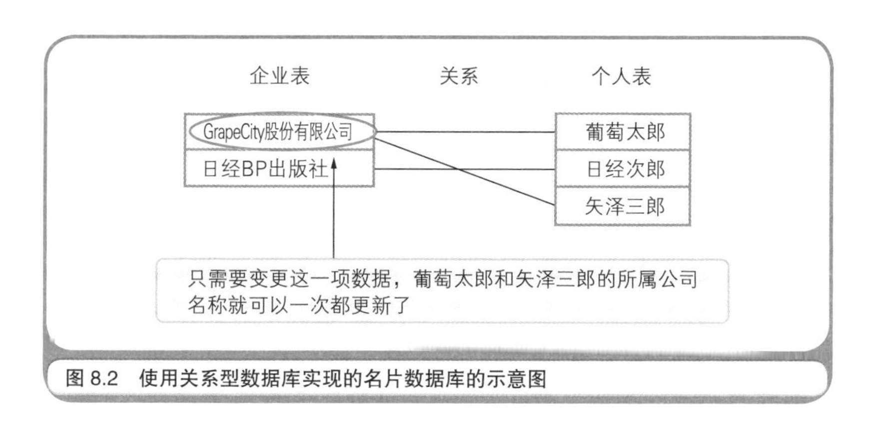

图 8.2 使用关系型数据库实现的名片数据库的示意图

1970 年美国 IBM 公司的 Codd 先生设计发明了关系型数据库。现在关系型数据库被广泛应用，以至于一提到数据库就默认是关系型数据库。在后面的章节中，将要请诸位通过文字上的描述感受其编写过程的数据库应用程序，也是使用关系型数据库完成的。

8.2 数据文件、DBMS 和数据库应用程序

为了编写数据库应用程序（即为了便于操作数据库而编写的程序），诸位可以从零开始埋头编写所有代码，但是一般情况下，还是会借助

称作 DBMS 的软件。Microsoft Access、Oracle、SQL Server、DB2 等诸位都有所耳闻吧，这些都是 DBMS 的实例。数据库的实质虽然是某种数据文件，但是诸位编写的应用程序并不是直接去读写这些数据文件，而是以 DBMS 作为中介间接地读写（如图 8.3 所示）。DBMS 不但可以使应用程序轻松地读写数据文件，而且还具有一致并且安全地存储数据的功能。

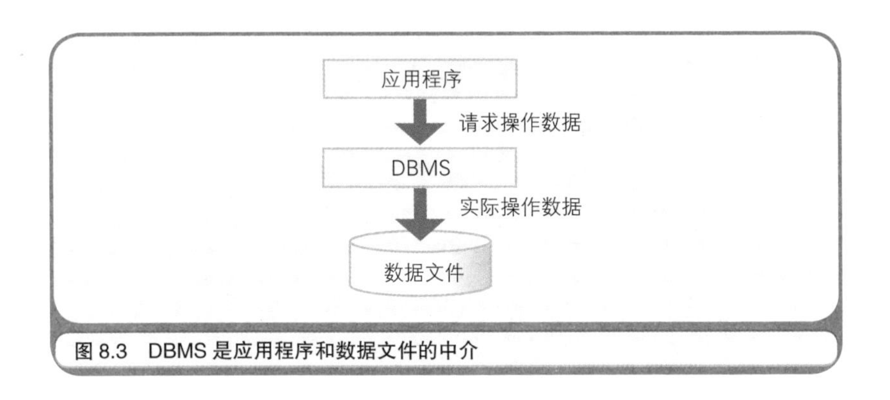

图 8.3 DBMS 是应用程序和数据文件的中介

何为“一致并且安全地存储”将会在后面解释，在此还是先介绍一下数据库系统的构成要素吧。数据库系统的构成要素包括“数据文件”“DBMS”“应用程序”三部分。在小型系统中，把三个要素全部部署在一台计算机上，称作“独立型系统”。在中型系统中，把数据文件部署在一台计算机上，并且使数据文件被部署了 DBMS 和应用程序的多台计算机共享，这样的系统被称为“文件共享型系统”。在大型系统中，把数据文件和 DBMS 部署在一台（或者多台）计算机上，然后用户从另外一些部署着应用程序的计算机上访问，这样的系统被称作“客户端 / 服务器型系统”。其中部署着数据文件和 DBMS 的计算机是服务器（Server），即服务的提供者；部署着应用程序的计算机是客户端（Client），即服务的使用者。如果把服务器和客户端之间用互联网联结起来，就形成了 Web 系统。在 Web 系统中，一般情况下应用程序也是部署在服务器中的，在客户端只部署 Web 浏览器（如图 8.4 所示）。

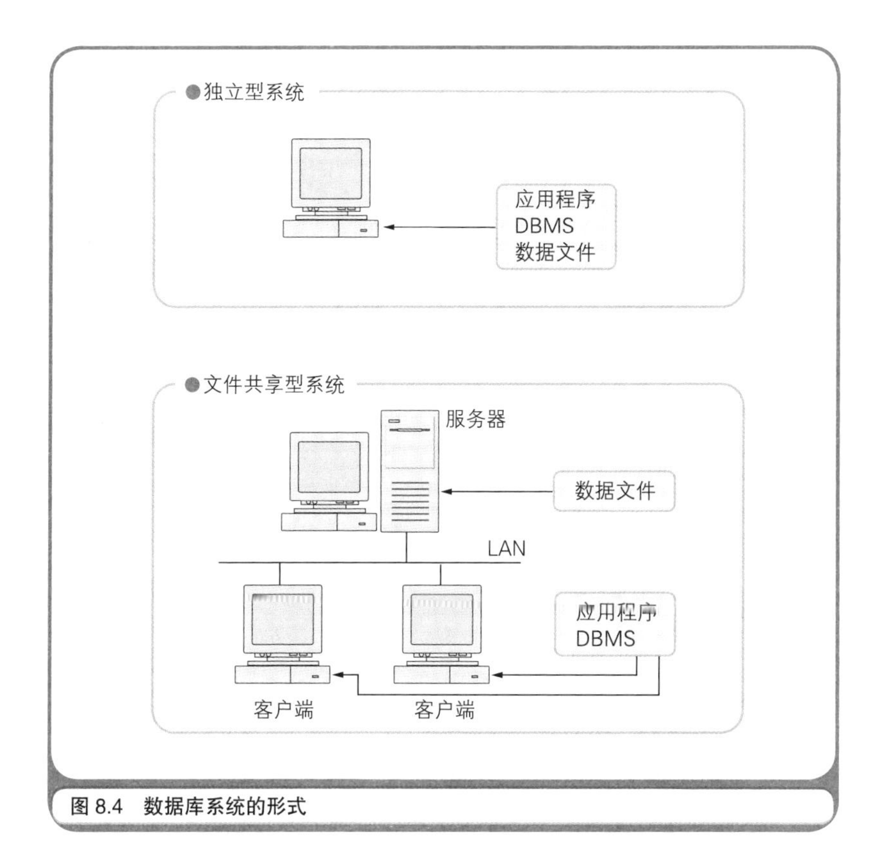

图 8.4　数据库系统的形式

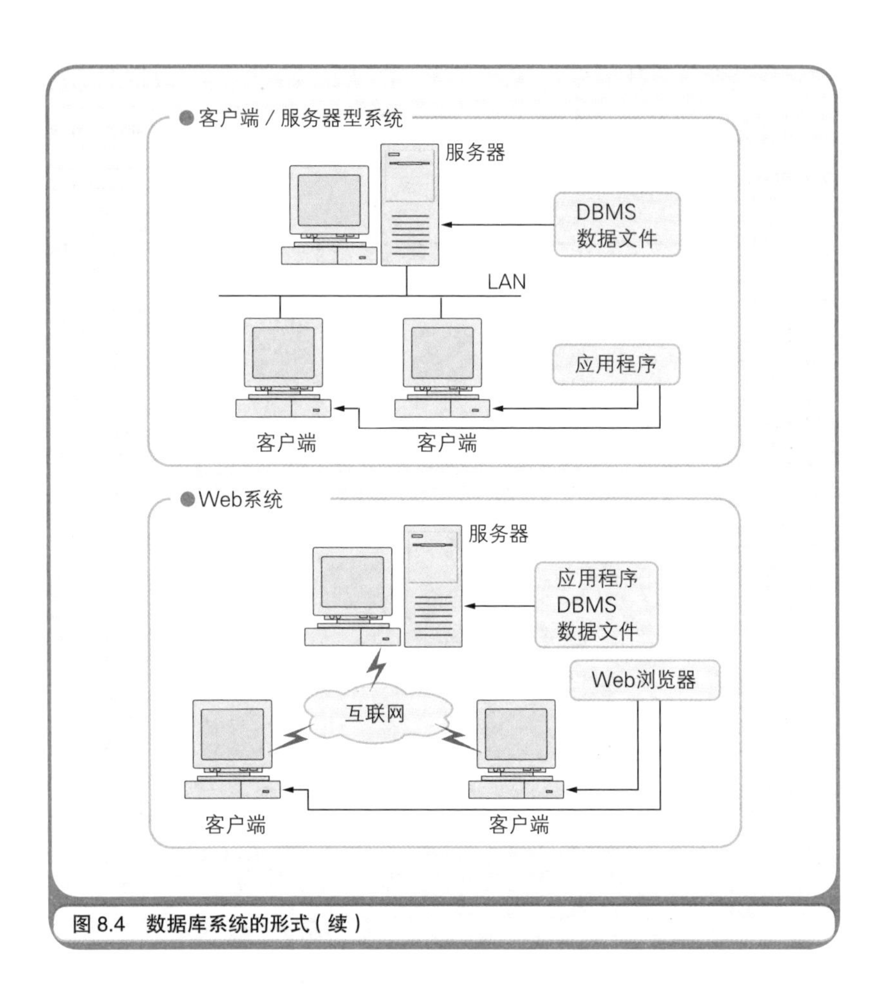

图 8.4 数据库系统的形式（续）

8.3 设计数据库

既然已经大体上了解了数据库的概况，那么我们就开始实际编写一个数据库应用程序吧。本节中，我们将在一台个人计算机上使用名为 Microsoft Access 的 DBMS 实现一个独立型系统。应用程序部分，使用 Visual Basic 6.0 编写。应用程序以酒铺管理为主题。请诸位学会利用身边的例子来帮助理解新知识。

首先从设计数据库开始。而设计数据库的第一步是从"你想要了解什么"的视角出发找出需要的数据。如果是自己使用的数据库，那么就问问你自己想要了解什么。如果是为客户设计数据库，就要去询问对方想要了解什么。

在酒铺管理的应用程序中，将下面的数据视为客户想要了解的数据。

酒铺经营者需要知道什么？

- 商品名称
- 单价（日元）
- 销售量
- 顾客姓名
- 住址
- 电话号码

当然，仅仅存储这些数据是否够用，是由数据库的使用者决定的。如果缺少了所需的数据，就算使用了数据库，也不能使其发挥作用。反过来，如果包含了不必要的数据，存储包含着这些数据的文件就会白白浪费掉磁盘空间。

把必要的数据筛选出来以后，下一步要考虑的是各种数据的属性。属性也称作模式（内模式），具体来说就是数据的类型（是数字还是字符串），数字的话是整数还是浮点小数，字符串的话最多允许包含多少个字符，是否允许 NULL 值（表示未知或者不存在的值），等等。

几乎所有的 DBMS 都提供了通过可视化界面设置数据属性的工具。通过这种工具，既可以生成逻辑上的表，又可以生成物理上存储数据的数据文件。其中，表可以被赋予任意的名称。对酒铺经营者所需的各个数据分别设置完属性后，我们将表暂且命名为酒铺表（如图 8.5 所示）。

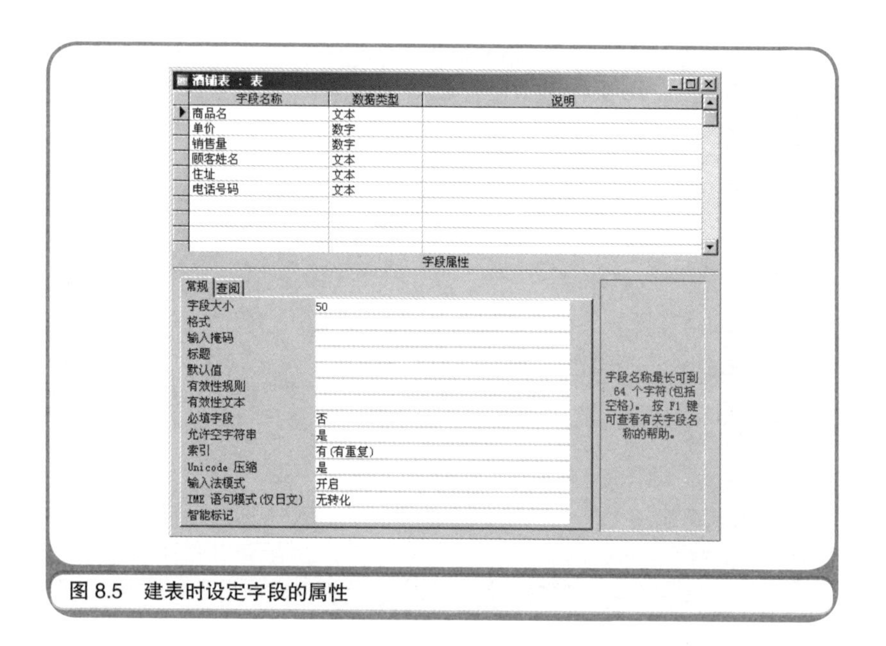

图 8.5　建表时设定字段的属性

在这里，请先记住一些数据库术语。在关系型数据库中，把录入到表中的每一行数据都称为记录，把构成一条记录中的各个数据项（在本例中是商品名称、单价等）所在的列都称作字段。记录有时也被称为行或元组（Tuple），字段有时也被称为列或属性（Attribute）。上面提到的属性（数据的类型）就是设置在字段上的。为了代表字段所存储数据的内容还要为每个字段起一个名字。如图 8.5 所示，通过这个界面定义了构成一条记录的多个字段。之后只要在这个表中录入数据，表就可以使用了。

8.4 通过拆表和整理数据实现规范化

既然表已经准备好了，那么只需要把带有用户界面并且能够读写数据的应用程序做出来，就大功告成了。可实际上却并非如此，如果就这样使用这张表，那么在数据库的运行过程中有可能会产生一些问题。DBMS 既然已经提供了用于手工输入数据的工具，那么我们就先试着录入几条测试数据看看吧（如图 8.6 所示）。

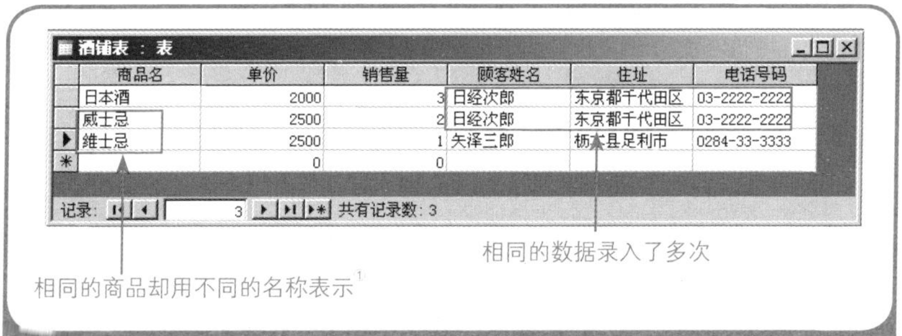

酒铺表 ： 表

商品名	单价	销售量	顾客姓名	住址	电话号码
日本酒	2000	3	日经次郎	东京都千代田区	03-2222-2222
威士忌	2500	2	日经次郎	东京都千代田区	03-2222-2222
維士忌	2500	1	矢泽三郎	枥木县足利市	0284-33-3333
	0	0			

记录： 3 共有记录数：3

相同的数据录入了多次

相同的商品却用不同的名称表示[1]

图 8.6 用一张表时产生的问题

于是这就产生了两个问题。第一个问题是，用户不得不多次录入相同的数据，就像第一条和第二条记录中的数据“日经次郎、东京都千代田区、03-2222-2222”。录入重复数据不仅使应用程序的操作变得繁琐，更白白浪费了磁盘空间。另一个问题是，录入的名称不同指代的却是相同的商品，就像在第三条记录中，应该输入“威士忌”，却错误地输入了“维士忌”，如果让计算机来处理，这种情况就会被识别成不同的商品。也就是说，如果仅使用一张表，就会和应用卡片型数据库（每条记录对应一张卡片）时面临相同的问题。

① 即威士忌一词的错误写法。——译者注

为了解决这类问题，在设计关系型数据库时，还要进行“规范化”。所谓规范化，就是将一张大表分割成多张小表，然后再在小表之间建立关系，以此来达到整理数据库结构的目的。通过规范化，可以形成结构更加优良的数据库。DBMS 提供了可视化的工具，用户仅仅通过简单的操作就可以进行规范化（如图 8.7 所示）。

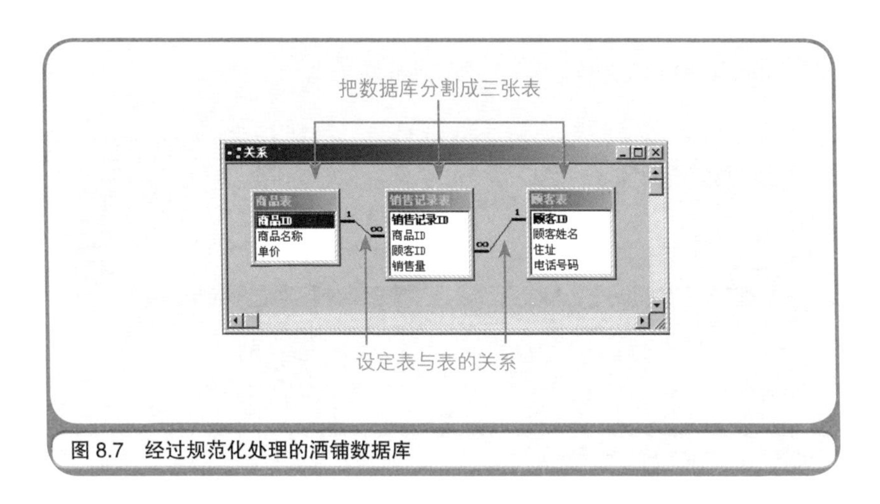

图 8.7 经过规范化处理的酒铺数据库

规范化的要点是在一个数据库中要避免重复存储相同的数据。因此在本例中，把酒铺的数据库分为“商品表”“顾客表”和“销售记录表”三张表，然后再在它们之间建立关系（用被细线连接起来的短杠表示）。通过这样的处理，既省去了多次重复录入相同的顾客姓名、住址、电话号码的麻烦，又能防止把相同的商品名称输入成不同名称的错误。如图 8.8 所示，酒铺的数据被分别存储到了三张表中。表格的最后一行只是表示在这里可以输入下一条记录，并非实际存在着这样一条记录。

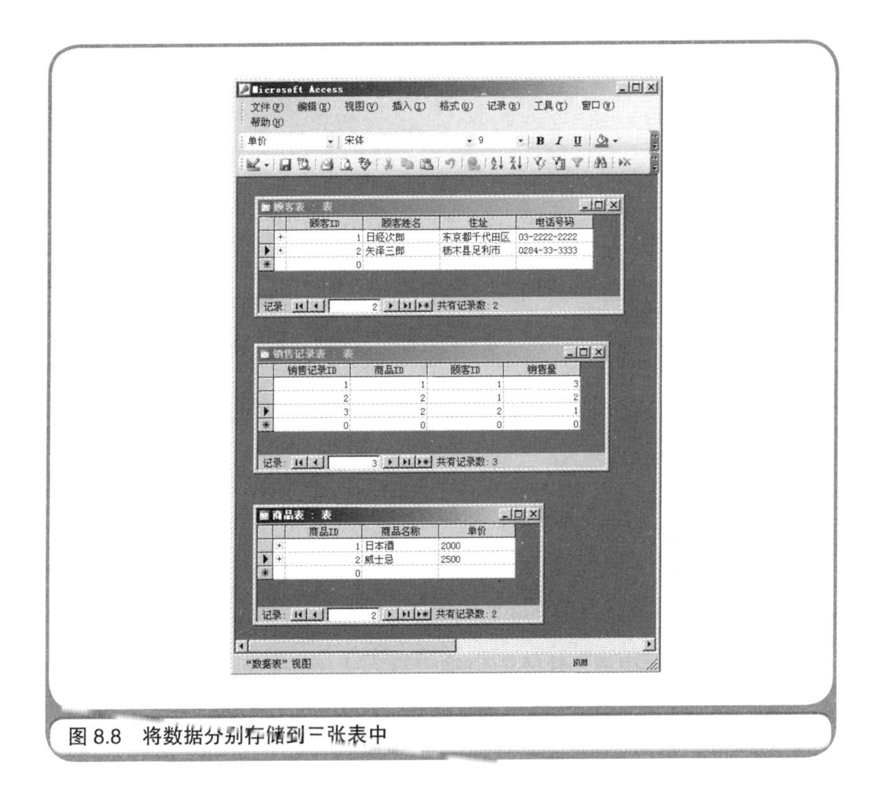

图 8.8　将数据分别存储到三张表中

8.5　用主键和外键在表间建立关系

为了在表间建立关系，就必须加入能够反映表与表之间关系的字段，为此所添加的新字段就被称为键（Key）。首先要在各个表中添加一个名为主键（Primary Key）的字段，该字段的值能够唯一地标识表中的一条记录（如图 8.9 所示）。在顾客表中添加的“顾客 ID”字段，在销售记录表中添加的“销售记录 ID”字段以及在商品表中添加的“商品 ID”字段，都是主键。

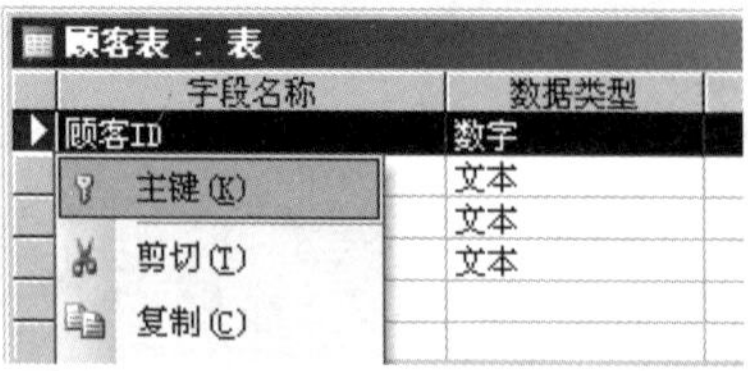

图 8.9 把字段设置为主键

正如“顾客 ID”一样，通常将主键命名为“某某 ID”。这是因为主键存储的是能够唯一标识一条记录的 ID（Identification，识别码）。如图 8.8 所示，如果顾客表中顾客 ID 是 1 的话，就能确定是日经次郎这条记录；顾客 ID 是 2 的话，就能确定是矢泽三郎这条记录。正因为这种特性，在主键上绝不能存储相同的值。如果试图录入在主键上含有相同值的记录，DBMS 就会产生一个错误通知，这就是 DBMS 所具备的一种一致并且安全地存储数据的机制。

在销售记录表上，还要添加顾客 ID 和商品 ID 字段，这两个字段分别是另外两张表的主键，对于销售记录表来说，它们就都是“外键”（Foreign Key）。通过主键和外键上相同的值，多个表之间就产生了关联，就可以顺藤摸瓜取出数据。例如，销售记录表中最上面的一条记录是（1，1，1，3），分别表示该销售记录 ID 为 1，顾客 ID 为 1 的顾客买了 3 个商品 ID 为 1 的商品。通过顾客表，可以知道顾客 ID 为 1 的顾客信息是（1，日经次郎，东京都千代田区，03-2222-2222）。通过商品表，可以知道商品 ID 为 1 的商品信息是（1，日本酒，2000）。虽然作为销售记录表主键的“销售记录 ID”字段并不是其他表的外键，但是考虑到以后有可能会与其他表发生关联，并且习惯上必定要在表中设置一个主键，所以予以保留。主键既可以只由一个字段充当，也可以将多个字段组合在一起形成复合主键。

表之间的关系使记录和记录关联了起来。记录之间虽然在逻辑上有一对一、多对多以及一对多（等同于多对一）三种关系，但是在关系型数据库中无法直接表示多对多关系。这是因为在多个字段中以顺藤摸瓜的方式查找数据并不是那么容易的。如果将酒铺的数据库只分为顾客表和商品表，那么这两张表就形成了多对多关系。也就是说一位顾客可以购买多个商品，反过来一种商品可以被多位顾客所购买。

当出现多对多关系时，可以在这两张表之间再加入一张表，把多对多关系分解成两个一对多关系（如图 8.10 所示）。加入的这张表被称作连接表（Link Table）。在酒铺数据库中，销售记录表就是连接表。如图 8.7 所示，在表示一对多关系的连线的两端，写有“1”的一侧表示“一”，写有“∞”、即无穷大符号的一侧表示“多”。

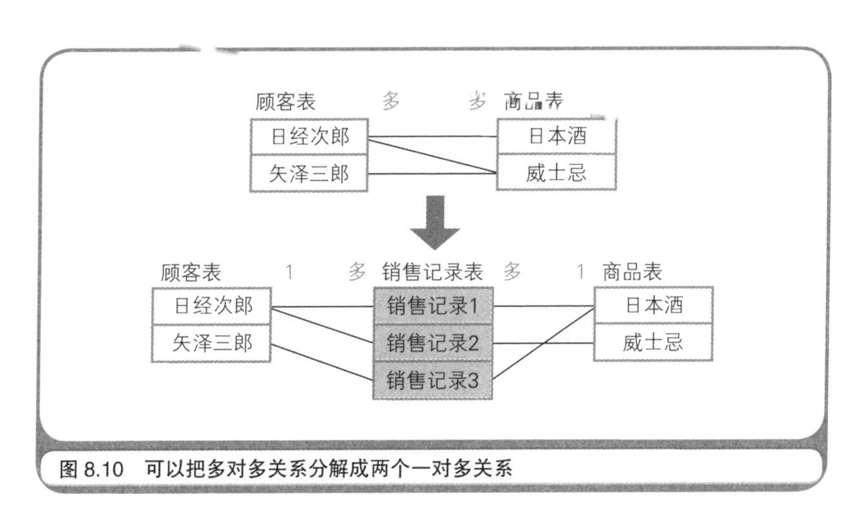

图 8.10　可以把多对多关系分解成两个一对多关系

DBMS 中还具有检查参照完整性的功能，这种机制也是为了一致并且安全地存储数据。例如，在目前的酒铺数据库中，如果从商品表中删除了“日本酒”这条记录，那么在销售记录表中，曾经记录着买的是日本酒的那两条记录就不再能说明买的是什么商品了。但是一旦勾选了实施参照完整性的选项（如图 8.11 所示），在应用程序中再执行这类操作时，DBMS 就会拒绝执行。

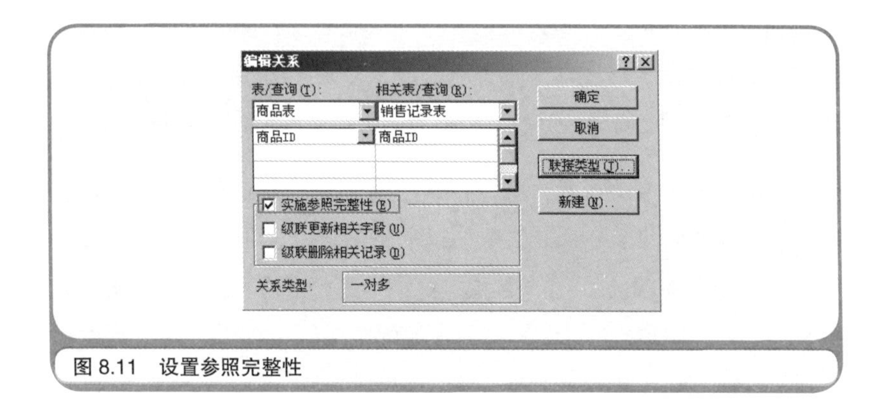

图 8.11 设置参照完整性

如果诸位是直接从编写的应用程序中读写数据文件，那么就会导致用户可以录入在主键上含有相同值的记录，或者由于没有进行参照完整性等方面的检查，使用户可以任意地执行删除数据之类的操作。而 DBMS 却能在这种问题上起到防患于未然的作用，确实是一种很方便的工具。

8.6 索引能够提升数据的检索速度

可以在表的各个字段上设置索引（Index），这也是 DBMS 所具备的功能之一。虽然索引和键这两个概念容易让人混淆，但其实两者是完全不同的。索引仅仅是提升数据检索和排序速度的内部机制。一旦在字段上设置了索引，DBMS 就会自动为这个字段创建索引表（如图 8.12 所示）。

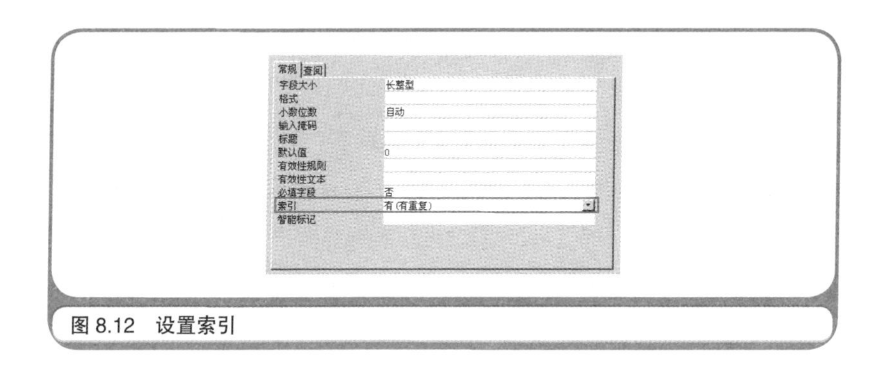

图 8.12　设置索引

索引表是一种数据结构，存储着字段的值以及字段所对应记录的位置。例如，如果在顾客表的顾客姓名字段上设置了索引，DBMS 就会创建一张索引表（如图 8.13 所示），表中有两个字段，分别存储着顾客姓名和位置（所对应的记录在数据文件中的位置）。与原来的顾客表相比，索引表中的字段数更少，所以可以更快地进行数据的检索和排序。当查询数据时，DBMS 先在索引表中进行数据的检索和排序，然后再根据位置信息从原来的数据表中把完整的记录取出来。索引所起的就是“目录”的作用。与图书的目录一样，数据库的索引也是一种能够高效地查找目标数据的机制。

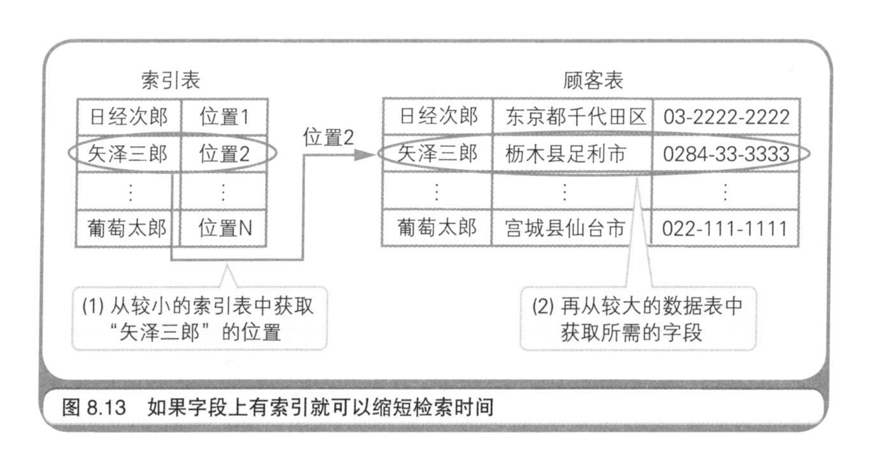

图 8.13　如果字段上有索引就可以缩短检索时间

也许会有人这样想，既然索引能够提升检索和排序的速度，那么在所有表的所有字段上都加上索引不就好了吗？实际上并不能这样做。因为一旦设置了索引，每次向表中插入数据时，DBMS 都必须更新索引表。提升数据检索和排序速度的代价，就是插入或更新数据速度的降低。因此，只有对那些要频繁地进行检索和排序的字段，才需要设置索引。在酒铺数据库这个例子中，只需要在顾客表的顾客姓名字段和商品表的商品名称字段上设置索引就足够了。如果表中充其量也就只有几千条记录，那么即使完全不使用索引，也不会感到检索或排序速度有多慢。

8.7　设计用户界面

只要通过拆表实现了规范化、设置了主键和外键、确保没有多对多关系、根据需要设置了参照完整性和索引，那么数据库的设计就告一段落了。接下来就该进入为了利用数据库中的数据而编写数据库应用程序的阶段了。只要数据库设计好了，设计一个带有用户界面的、能够操作其中数据的应用程序就很轻松了。在设计系统时，请诸位记住一个重要的顺序：优先设计数据库，然后再设计用户界面。

对数据库进行的操作的种类通常称为 CRUD。CRUD 由以下四种操作的英文名称的首字母组成，即记录的插入（CREATE）、获取（REFER）、更新（UPDATE）、删除（DELETE）。数据库应用程序只要能够对记录进行 CRUD 的操作就可以了。当然，为了满足用户的需求，为应用程序相应地增加统计、打印等功能的情况也是存在的。

由于 DBMS 具有自动生成主键和外键上的值的功能，所以在设计用户界面时，需要显示其余的字段，并要使 CRUD 操作能够通过按钮和菜单来完成。

图 8.14 展示了一个用四个按钮分别进行 CRUD 操作的例子。对于购买了多种商品的顾客，还可以通过“下一条”和“上一条”按钮交替地在界面上显示每种商品的名称、单价和销售量。请诸位注意一点，虽然数据被拆分成三个表存放，但是透过应用程序，用户感到他所处理的是一个相关数据的集合。界面中所显示的数据，是从三张表中用顺藤摸瓜的方式取出来的。

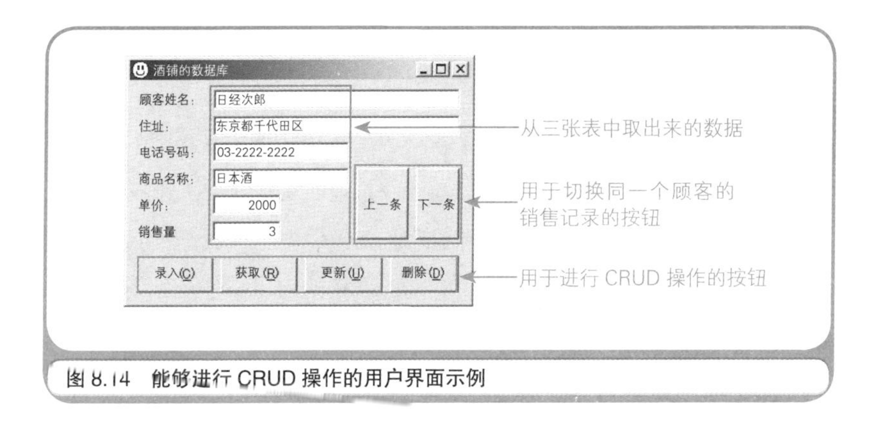

图 8.14 能够进行 CRUD 操作的用户界面示例

8.8 向 DBMS 发送 CRUD 操作的 SQL 语句

为了对数据库进行 CRUD 操作，就必须从应用程序向 DBMS 发送命令。这里所使用的命令就是 SQL 语言（Structural Query Language，结构化查询语言）。SQL 语言的标准是由 ISO（International Organization for Standardization，国际标准化组织）制订的。现在市面上几乎所有的 DBMS 都支持 SQL 语言。

一旦向 DBMS 发送了一条命令（SQL 语句），与此相应的操作就会立刻被执行。与 BASIC 或 C 语言等编程语言不同的是，使用 SQL 语言通常不需要定义变量或者考虑程序的执行流程。下面给诸位展示一个 SQL 语句的例子，可以看出它和英文的句子很像。

```
SELECT 顾客姓名 , 住址 , 电话号码 , 商品名称 , 单价 , 销售量
FROM 顾客表 , 商品表 , 销售记录表
WHERE 顾客表 . 顾客姓名 = "日经次郎"
AND 销售记录表 . 顾客 ID = 顾客表 . 顾客 ID
AND 销售记录表 . 商品 ID = 商品表 . 商品 ID ;
```

开头的 SELECT 所表示的就是 CRUD 中的 R 操作，也就从表中获取数据。在 SELECT 后面列出了想获取的字段的名字，用逗号分隔。在 FROM 后面，列出了用逗号分隔的表名。WHERE 后面则列出了查询条件。其中的 AND 表示多个查询条件是逻辑与的关系（条件 A 和条件 B 都成立）。而像“顾客表 . 顾客姓名”这样用“.”分隔的形式表示顾客姓名字段是属于顾客表的。在 SQL 语句的末尾放置一个分号表示语句的结束。

DBMS 不仅提供了手动向 DBMS 发送 SQL 语句的工具，而且还提供了通过可视化操作自动生成 SQL 语句的工具。将上述 SQL 语句发送到 DBMS 执行以后，结果如图 8.15 所示。日经次郎购入的商品一目了然。

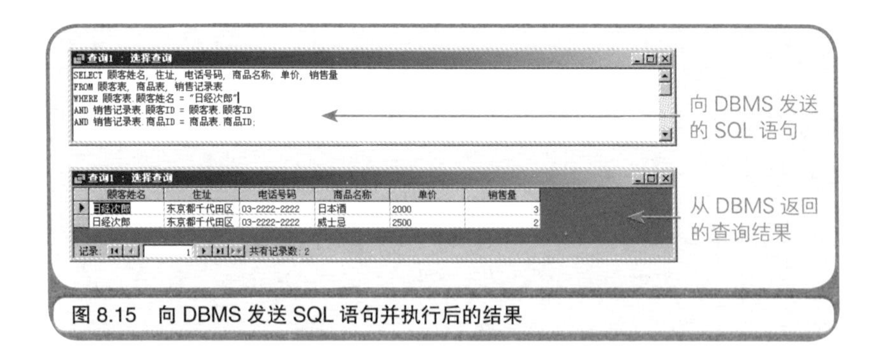

图 8.15　向 DBMS 发送 SQL 语句并执行后的结果

CRUD 中的 C、U、D 分别对应着 SQL 语言中的 INSERT（插入）、UPDATE（更新）、DELETE（删除）语句。在 SQL 语言中除了 CRUD 语句，还有新建数据库以及后面将要介绍的事务控制等语句，有兴趣的读者，可以查查 SQL 语言的文档等资料。

8.9 使用数据对象向 DBMS 发送 SQL 语句

在 Windows 应用程序中，向 DBMS 发送 SQL 语句时，一般情况下使用的都是被称为数据对象（Data Object）的软件组件（参考第 7 章所介绍的类）。一般的开发工具中也都包含了数据对象组件。在 Visual Basic 6.0 中，使用的是被称为 ADO（ActiveX Data Object，ActiveX 数据对象）的数据对象。

ADO 是以下几个类的统称，其中包括用于建立和 DBMS 连接的 Connection 类，向 DBMS 发送 SQL 语句的 Command 类以及存储 DBMS 返回结果的 Recordset 类等。图 8.14 所示的应用程序的代码如代码清单 8.1 所示。在程序启动时连接 DBMS，然后进行与各个按钮对应的 CRUD 操作，在程序结束时关闭与 DBMS 的连接。在使用 ADO 时必不可少的是 SQL 语句，其中主要是 SELECT 语句。而插入、更新、删除语句可以通过 Recordset 类所提供的 AddNew、Update、Delete 方法（类中所提供的函数）执行。可以认为这些方法在内部自动生成了 SQL 语句并发送给了 DBMS。诸位可以不去深究以下代码的细节，只要能抓住其大意就可以了。

代码清单 8.1　使用 ADO 访问数据库的示例程序（VB 6.0）

```
' 实例化 ADO 提供的类
Dim con As New ADODB.Connection
Dim cmd As New ADODB.Command
Dim rst As New ADODB.Recordset
```

```
' 处理程序启动事件
Private Sub Form_Load()
    con.ConnectionString = _
    "Provider=Microsoft.Jet.OLEDB.4.0;Data Source=liquor_store.mdb"
    con.Open
End Sub

' 处理“录入”按钮单击事件
Private Sub cmdCreate_Click()
    rst.AddNew
    SetRecordset
    rst.Update
End Sub

' 处理“获取”按钮单击事件
Private Sub cmdRetrieve_Click()
    If rst.State = adStateOpen Then
        rst.Close
    End If
    rst.Open "SELECT 顾客姓名, 住址, 电话号码, 商品名称, 单价, 销售量 " & _
    "FROM 顾客表, 商品表, 销售记录表 " & _
    "WHERE 顾客表.顾客姓名 = """ & txtCustomer.Text & """" & _
    "AND 销售记录表.顾客 ID = 顾客表.顾客 ID " & _
    "AND 销售记录表.商品 ID = 商品表.商品 ID", _
    con, adOpenKeyset, adLockOptimistic
    If rst.RecordCount > 0 Then
        rst.MoveFirst
        ShowRecordset
    Else
        MsgBox "找不到符合条件的数据! ", vbInformation, ""
    End If
End Sub

' 处理“更新”按钮单击事件
Private Sub cmdUpdate_Click()
    SetRecordset
    rst.Update
End Sub

' 处理“删除”按钮单击事件
Private Sub cmdDelete_Click()
    rst.Delete
    rst.Update
End Sub

' 处理“上一条”按钮单击事件
Private Sub cmdPrev_Click()
```

```
    rst.MovePrevious
    If rst.BOF Then
        rst.MoveFirst
    End If
    ShowRecordset
End Sub

' 处理“下一条”按钮单击事件
Private Sub cmdNext_Click()
    rst.MoveNext
    If rst.EOF Then
        rst.MoveLast
    End If
    ShowRecordset
End Sub

' 处理程序退出事件
Private Sub Form_Unload(Cancel As Integer)
    con.Close
End Sub

' Recordset 显示 Recordset 中的内容
Private Sub ShowRecordset()
    txtCustomer.Text = rst.Fields(0)
    txtAddress.Text = rst.Fields(1)
    txtPhone.Text = rst.Fields(2)
    txtItems.Text = rst.Fields(3)
    txtUnitPrice.Text = rst.Fields(4)
    txtSales.Text = rst.Fields(5)
End Sub

' Recordset 设置 Recordset 中的数据
Private Sub SetRecordset()
    rst.Fields(0) = txtCustomer.Text
    rst.Fields(1) = txtAddress.Text
    rst.Fields(2) = txtPhone.Text
    rst.Fields(3) = txtItem.Text
    rst.Fields(4) = txtUnitPrice.Text
    rst.Fields(5) = txtSales.Text
End Sub
```

8.10 事务控制也可以交给 DBMS 处理

最后介绍 DBMS 的一个高级功能——事务控制。事务由若干条 SQL 语句构成，表示对数据库一系列相关操作的集合。有一个经典的银行账户间汇款的例子可以用于说明其概念。为了从顾客 A 的账户中给顾客 B 的账户汇入 1 万日元，就需要将以下两条 SQL 语句依次发送给 DBMS：1. 把 A 的账户余额更新（UPDATE 语句）为现有余额减去 1 万日元；2. 把 B 的账户余额更新（UPDATE 语句）为现有余额加上 1 万日元。此时这两条 SQL 语句就构成了一个事务。

假设在第一条 SQL 语句执行后，网络或计算机发生了故障，第二条 SQL 语句无法执行，那么会发生什么呢？ A 的账户余额虽然减少了 1 万日元，但是 B 的账户余额却没有相应地增加 1 万日元，这就导致了数据不一致。为了防止出现这种问题，在 SQL 语言中设计了以下三条语句：1. BEGIN TRANSACTION（开启事务）语句，用于通知 DBMS 开启事务；2. COMMIT（提交事务）语句，用于通知 DBMS 提交事务；3. ROLL BACK（事务回滚）语句，用于在事务进行中发生问题时，把数据库中的数据恢复到事务开始前的状态（如图 8.16 所示）。在使用 ADO 创建应用程序时，可以分别使用 Connection 类的 BeginTrans、CommitTrans 和 RollbackTrans 方法实现上述三个操作。DBMS 真的是很方便，只要使用了 DBMS，连事务管理这样的高级功能都不必自己实现了。

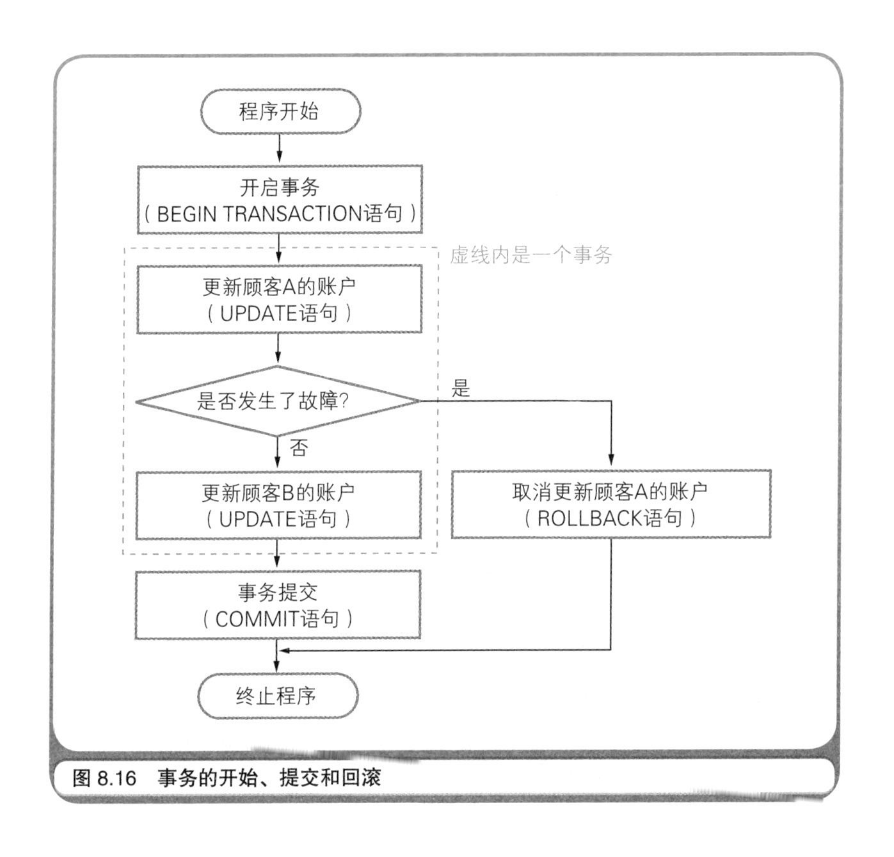

图 8.16 事务的开始、提交和回滚

☆ ☆ ☆

计算机是一种工具，它可以执行输入、计算、输出三种操作，并可以通过这一系列的操作处理某种数据。因此可以说计算机就是处理数据的装置。因此，可以说计算机基本上就是被当作数据库来利用的。只要不是游戏程序，几乎在所有的应用程序中，人们都在巧妙地运用着数据库。因此为了了解计算机，数据库是一门必修课。

此外，为了了解计算机，网络也是与数据库不分伯仲的另一门必修课。接下来的第 9 章中，笔者将讲解网络相关的内容。敬请期待！

COLUMN

来自企业培训现场

培训新人编程时推荐使用什么编程语言？

IT 相关企业在培训新人编程期间，往往会让他们学习某种编程语言。以笔者作为讲师的经验来看，以往选择 C 语言或 Visual Basic 6.0 开发工具的企业很多，可最近 Java 语言却汇集了压倒性的人气。虽然在实际项目开发中使用的是 Java，企业也希望新员工被分配到岗后就可以立刻用 Java 开始编写程序，但是作为第一门学习的编程语言，笔者并不推荐 Java。理由源于最近的一种趋势，那就是与过去相比，立志成为程序员的新人们在编程方面的背景知识越来越少，甚至少到令人惊讶。

在培训研讨会前的确认阶段，据说大约有 50% 的新人都说他们在学校时没有任何编程经验。那些即使有经验的，也并不是因为兴趣而喜欢编程，几乎都是只在课堂上写过那么几十行代码的人。因为了解了计算机的构造，又掌握了编程语言，所以想学习一些实际中有助于业务发展的知识——像这样可以称为计算机发烧友的新人少得可怜。

● Java 隐藏了算法和数据结构

让缺乏计算机构造和编程方面知识的新人学习 Java 会怎样呢？ Java 是一种在屏蔽了计算机构造的框架中使用的编程语言。虽然使用了 Java 就可以进行面向对象编程，但这却是一种不用考虑计算机底层状况的编程方法。只要使用了 Java 提供的类库（代码的集合），不需要考虑算法和数据结构就能解决问题。举例来说，Java 的程序员在使用栈这种数据结构时，只需要调用类名为 Stack 的类就可以轻易地实现功能，因为该类为程序员提供了栈结构本身以及入栈（Push）和出栈（Pop）方法。程序员完全可以无视栈顶指针[①]的存在。

① 在栈操作过程中，有一个专门的指针指向栈顶元素所在的位置。在进行入栈和出栈操作时，都需要移动该指针。——译者注

●先精通C语言再学习Java语言比较好

笔者并不是讨厌Java。在Java的框架之上，若是进行面向对象编程，既可以高效地开发大规模的程序，又可以使其处于易于维护的状态之中。但是这些优点只体现在编写实际的业务程序上。对于缺乏计算机基础知识的新人而言，笔者大力推荐C语言。因为它既能够使程序员感知到计算机的构造，又迫使程序员殚精竭虑地去思考如何才能亲手实现算法和数据结构。

以C语言为基础发展出了C++语言，而Java又是以C++为基础开发出的编程语言。如果精通了C语言，不但能够理解Java的优点（高效开发和易于维护），而且能够平滑地过渡到Java的语法结构上。虽然在新人培训上也是有时间限制的，但正所谓欲速则不达。笔者总觉得通过花费与培养一个Java程序员相同的时间，是可以培养出一个熟练掌握C语言的程序员的。然而对于后者，他的经验在Java上也是可以发挥作用的。

●若想在短时间内就让新人体会到编程的乐趣就使用Visual Basic吧

也有公司是使用COBOL语言实现业务的，不用C语言和Java。在这种时候，笔者会推荐Visual Basic。COBOL只能用于编写大型计算机上的程序，这样也许就无法轻易地将编程的乐趣传达给新人了吧。所谓编程的乐趣，也就是自己写的程序按照预期执行时的喜悦感，以及程序完成时收获的成就感。在新人培训中，如果要让他们学习3周左右的COBOL编程的话，就应该把前3天左右的时间抽出来，让他们先通过使用Visual Basic体验到编程的乐趣。然后再举办一场由他们编写的原创程序的展示会，这样新人们不仅会感到欣喜，而且会相互地给予正面的激励，学习的热情也会随之提高。

第9章 通过七个简单的实验理解TCP/IP网络

热身问答

在阅读本章内容前，让我们先回答下面的几个问题来热热身吧。

初级问题

LAN是什么的缩略语？

中级问题

TCP/IP是什么的缩略语？

高级问题

MAC地址是什么？

怎么样？被这么一问，是不是发现有一些问题无法简单地解释清楚呢？下面，笔者就公布答案并解释。

答案

初级问题：LAN 是 Local Area Network（局域网）的缩略语。

中级问题：TCP/IP 是 Transmission Control Protocol/Internet Protocol（传输控制协议和网际协议）的缩略语。

高级问题：所谓 MAC 地址就是能够标识网卡的编号。

解释

初级问题：通常把在一栋建筑物内或是一间办公室里的那种小规模网络称作 LAN。与此相对，把互联网那样的大规模网络称作 WAN（Wide Area Network，广域网）。

中级问题：TCP/IP 协议族是互联网所使用的一套标准协议。TCP/IP 这个名字意味着同时使用了 TCP 协议和 IP 协议。

高级问题：几乎所有的网卡都会在上市前被分配一个不可变更的 MAC 地址。本章将介绍查看 MAC 地址的方法。

本章重点

诸位都经常上网吧，在网上看看网页、发发邮件什么的，这一切似乎已经司空见惯了。通常，人们把通过连接多台计算机所组成的、可用于交换信息的系统称为“网络”（Network）。互联网作为网络的一种，可以使我们的计算机和远在千里之外的计算机连接在一起。而用于把全世界的计算机彼此相连的网线已然交织成了一张网。

因为信息可以以电信号的形式在网线中传播，所以计算机彼此之间就能够进行信息交换。但为了交换信息，还必须在发送者和接收者之间事先确定发送方式。这种对信息发送方式的规定或约束就称为“协议”（Protocol）。小到公司内部的网络，大到互联网，TCP/IP（Transmission Control Protocol/Internet Protocol）协议族已然成为了现行的标准。

哎呀，要是再这样说下去的话，就会越来越复杂了。也许有人会认为“只要会上网不就行了，没有必要去了解原理什么的”。但是，一旦了解了原理，也就能更加灵活地使用网络了。那么在本章，我们就通过一些可以随时进行的简单实验，来探索 TCP/IP 网络的原理吧。

9.1 实验环境

在开始实验前，先来介绍一下作为实验对象的网络环境吧（如图 9.1 所示）。实验用的就是笔者办公室内的网络，这样的网络环境随处可见。

在所有网络上的计算机中，有些是服务器（Server，服务的提供者），有些是客户端（Client，服务的利用者）。在服务器上运行的程序为客户端提供服务。“集线器”（Hub）是负责把各台计算机的网线相互连接在一起的集线设备。“路由器”（Router）是负责把公司内的网络和互联网连接起来的设备。

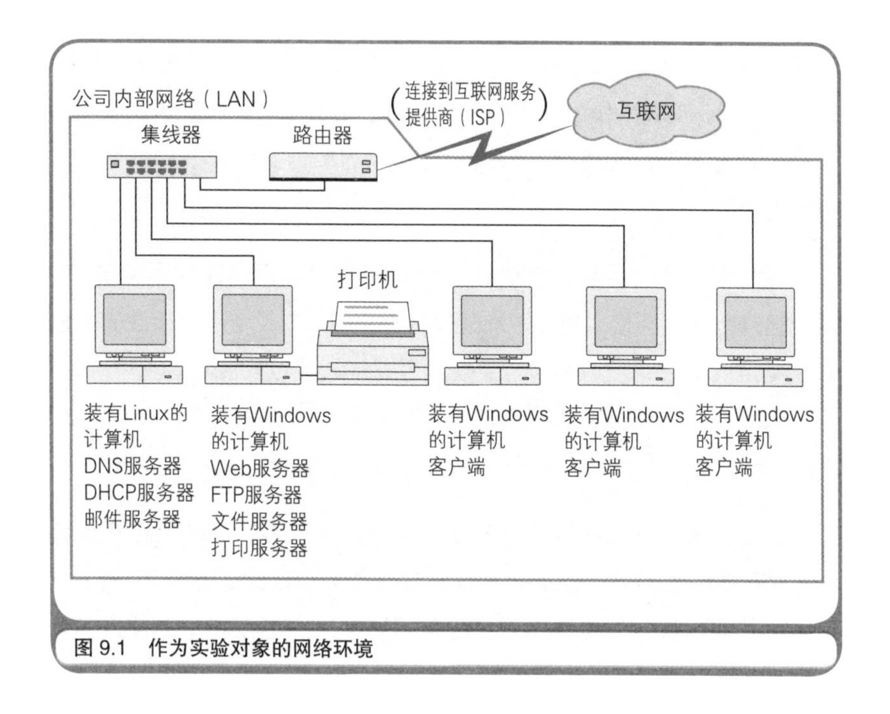

图 9.1　作为实验对象的网络环境

通常把像这样部署在一间办公室内的小规模网络称作 LAN；把像互联网那样将企业和企业联结起来的大规模网络称作 WAN。路由器负责将 LAN 连接到 WAN 上。路由器的一端会先连接到互联网服务提供商的路由器上。而在服务提供商（Provider）那里，又会继续将它们的路由器连接到其他路由器上，通过这种方式最终接入到互联网的主干线缆上。以企业内的 LAN 为一个基本单位，通过服务提供商的路由器把它们和其他企业的 LAN 互联起来，而把这种联结延伸至世界各个角落的正是互联网。把像 LAN 这样的一张张小网都联结起来，就能织成一张叫作互联网的大网。

9.2 实验 1：查看网卡的 MAC 地址

计算机是硬件和软件的集合体，网络也不例外。那么首先，我们就从构成网络的硬件开始探索吧。在组建公司内部的网络时，笔者购买了如下 4 种硬件：1. 安装到每台计算机上的网卡（NIC，Network Interface Card）；2. 插到网卡上的网线；3. 把网线汇集起来连接到一处的集线器；4. 用于接入到互联网的路由器。需要注意的是这些硬件的规格只有相互匹配了才能连接在一起。网卡选择的是规格极其普通的以太网（Ethernet）网卡。因为现在以太网已经成为了主流的选择，所以也就无需再考虑其他方案了。网卡的种类一旦确定下来，网线、集线器和路由器的规格也就确定了。既然硬件的规格一致了，就意味着其中传输的电信号的形式也是一致的。这样的话无论是 Linux 的计算机，还是 Windows 的计算机，它们在硬件上已经是连通的了。

以太网使用了一种略显粗糙的方法连接 LAN 内的计算机（如图 9.2 所示）。以太网中的每台计算机都需要先确认一件事：在网线上有没有其他的计算机正在传输电信号，也就是说要先确保没有人在占用网络，然后才能发送自己想传输的电信号。谁先抢到了网线的使用权，谁就先发送。万一遇到了多台计算机同时都想发送电信号的情况，只需要让这些计算机等待一段长度随机的时间后再重新发送相同的电信号即可。这套机制叫作 CSMA/CD（Carrier Sense Multiple Access with Collision Detection，带冲突检测的载波监听多路访问）。所谓载波监听（Carrier Sense），指的是这套机制会去监听（Sense）表示网络是否正在使用的电信号（Carrier）。而多路复用（Multiple Access）指的是多个（Multiple）设备可以同时访问（Access）传输介质。带冲突检测（with Collision Detection）则表示这套机制会去检测（Detection）因同一时刻的传输而导致的电信号冲突（Collision）。在小规模的LAN中，像这样略显粗躁的CSMA/CD机制是可以正常运转的。因为CSMA/CD归根结底也只是一种适用于LAN的机制。

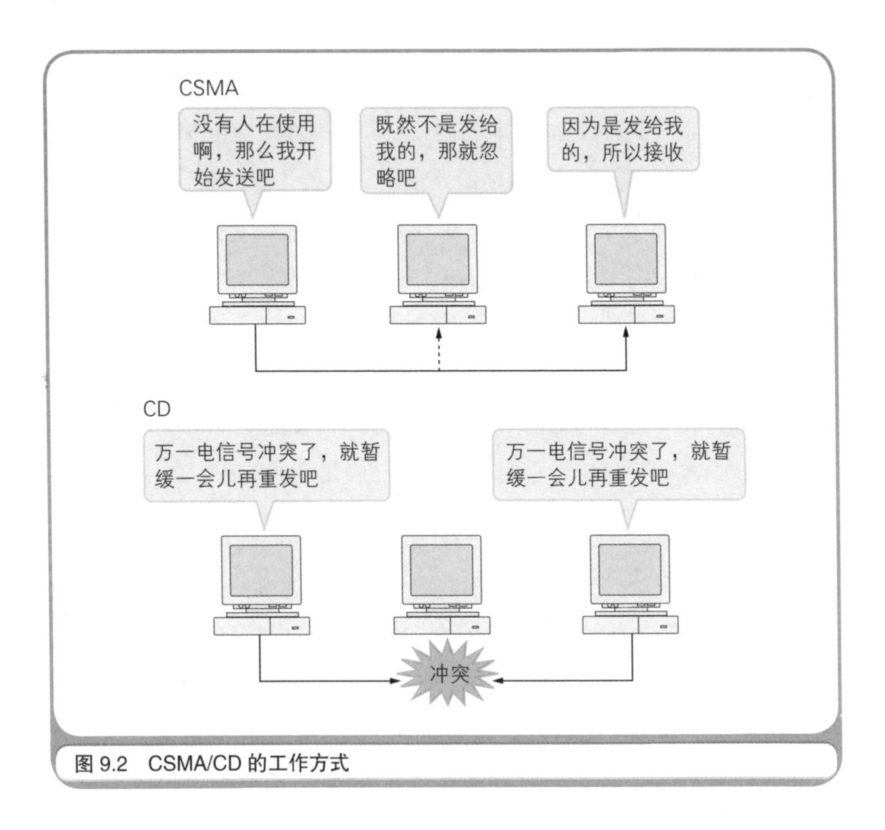

图9.2 CSMA/CD的工作方式

在以太网中，发送给一台计算机的电信号也可以被其他所有的计算机收到。一台计算机收到了电信号以后会先做判断，如果是发送给自己的则选择接收，反之则选择忽略。可以用被称作MAC（Media Access Control）地址的编号来指定电信号的接收者。在每一块网卡所带有的ROM（Read Only Memory，只读存储器）中，都预先烧录了一个唯一的MAC地址。网卡的制造厂商负责确定这个MAC地址是什么。因为 MAC 地址是由制造厂商的编号和产品编号两部分组成的，所以世界上的每一个 MAC 地址都是独一无二的。

接下来我们就进入第一个实验吧——查看各自计算机中网卡的 MAC 地址。请先从 Windows 的开始菜单中选择“命令提示符”。由于 Windows 的版本不同，有的版本会把命令提示符叫作 MS-DOS 提示符。选中后会弹出一个背景全黑的窗口，这就是命令提示符窗口，用户可以在这里用键盘输入由字符串构成的命令。输入完一串字符后按下回车键，这串字符所表示的命令就会被执行。

打开命令提示符后，请试着输入如下命令。

```
ipconfig /all
```

在 Windows 中内置了各种各样的用于查看网络信息或网络连接状态的命令。Windows 有多个版本，在本实验中使用的是 Windows 2000 Professional。请注意，如果使用的是其他版本，命令的名称或输出的结果可能或多或少会有些差异。此外，还有一点需要大家注意的是，在我们的实验结果画面中显示的 MAC 地址和 IP 地址都是虚拟的。因为从安全的角度来说，网络的配置信息不应该随便暴露。

下面我们回到实验中。通过 ipconfig /all 这条命令，可以显示出各种信息。实验结果的画面中只显示了笔者希望诸位关注的部分（如图 9.3 所示）。画面中显示在 Physical Address 后面的、用“-”分隔的 6 个十六进制数（每个数占 8 比特）00-00-5D-B8-39-B0 就是 MAC 地址。其中 00-00-5D 代表制造商，B8-39-B0 代表产品的编号。

```
C:\>ipconfig /all
Physical Address. . . . . . . . . : 00-00-5D-B8-39-B0
```

图 9.3 使用 ipconfig /all 命令查看 MAC 地址

9.3 实验 2：查看计算机的 IP 地址

MAC 地址虽然可以在硬件层面上标识网卡，可是如果只有 MAC 地址也很不方便。因为企业或组织需要对计算机分组管理，但是他们却没有办法把 MAC 地址前面的若干位统一起来。而且在互联网那种把全世界的计算机都连接在一起的大型网络中，又必须要有一种机制能够把数据的发送目的地像邮政编码那样整理并标识出来。假如在互联网中只能使用 MAC 地址，那么会发生什么呢？在接入互联网的数量众多的计算机中，只有尚未进行任何分组处理的编号（MAC 地址）。这样的话，仅仅是寻找信息的发送目的地就要花费大量的时间。

因此，在 TCP/IP 网络中，除了硬件上的 MAC 地址，还需要为每台计算机设定一个软件上的编号。这个编号就是众所周知的 IP 地址。

通常把设定了 IP 地址的计算机称为"主机"（Host）。因为路由器也算是计算机的一种，所以它们也有 IP 地址。在 TCP/IP 网络中，传输的数据都会携带 MAC 地址和 IP 地址两个地址。

IP 地址是一个 32 比特的整数，每 8 比特为一组，组间用"."分隔，分成 4 段表示。8 比特所表示的整数换算成十进制后范围是 0～255，因此可用作 IP 地址的整数是 0.0.0.0～255.255.255.255，共计

4294967296 个。

通过 IP 地址就可以轻松地对计算机进行分组管理了。比如用 IP 地址中第 1 段到第 3 段的数值代表公司，用第 4 段的数值代表公司内部的计算机。例如，在 AAA.BBB.CCC 这个公司内，如果有一台计算机的编号是 ×××，那么它的 IP 地址就是 AAA.BBB.CCC.XXX。而看到了 AAA.BBB.CCC.YYY 这样一个 IP 地址，就能知道它是这个公司内的另一台计算机。通常把 IP 地址中表示分组（即 LAN）的部分称作“网络地址”、表示各台计算机（即主机）的部分称为“主机地址”。在本例中，AAA.BBB.CCC 这一部分是网络地址，而 XXX 或 YYY 的部分是主机地址。

下面进入实验，请诸位查看各自计算机上配置的 IP 地址。与之前相同，还是使用如下的命令。

```
ipconfig /all
```

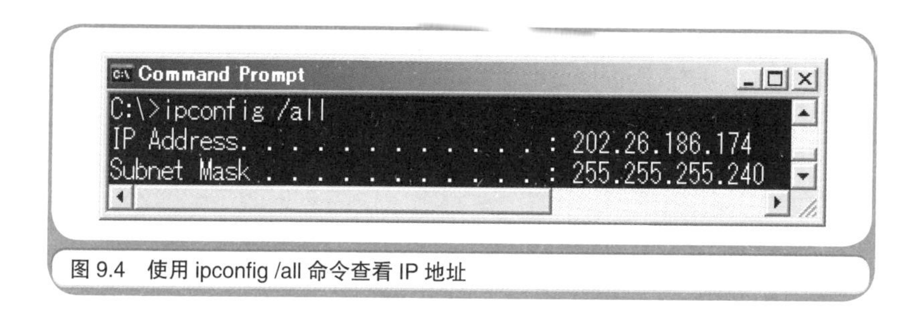

图 9.4 使用 ipconfig /all 命令查看 IP 地址

如图 9.4 所示，显示在 IP Address 后面的 202.26.186.174 就是 IP 地址。请诸位再留意一下显示在 Subnet Mask 后面的 255.255.255.240。这一串数字是“子网掩码”。子网掩码的作用是标识出在 32 比特的 IP 地址中，从哪一位到哪一位是网络地址，从哪一位到哪一位是主机地址。

把 255.255.255.240 用二进制表示的话，结果如下所示。

11111111.11111111.11111111.11110000

子网掩码中，值为 1 的那些位对应着 IP 地址中的网络地址，后面值为 0 的那些位则对应着主机地址。因此 255.255.255.240 这个子网掩码就表示，其所对应的 IP 地址前 28 比特是网络地址，后 4 比特是主机地址。

4 个二进制数可以表示的范围是从 0000 到 1111，共 16 个数。而因为最开始的 0000 和最后的 1111 具有特殊的用途，所以笔者的办公室内最多可以配置 14 台计算机，它们的主机地址范围是从 0001 到 1110。但是这其中又有一台路由器，所以实际上最多只能放置 13 台计算机。与 MAC 地址一样，每个 IP 地址的值也都是独一无二的。

9.4　实验 3：了解 DHCP 服务器的作用

IP 地址和子网掩码都是在软件上设置的参数。请先打开控制面板中的“网络连接”，然后用鼠标右键单击“本地连接”并选择“属性”菜单项，接着在打开的窗口中选择“Internet 协议（TCP/IP）”，最后单击“属性”按钮[①]。这样就打开了设定 IP 地址和子网掩码的对话框（如图 9.5 所示）。

① 如果您使用的是 Windows 7 或 8，请先打开控制面板中的“查看网络状态和任务”，然后单击左侧边栏中的“更改适配器设置”，接着用鼠标右键单击“本地连接”并选择“属性”菜单项，在打开的窗口中选择“Internet 协议版本 4（TCP/IPv4）”，最后单击“属性”按钮。

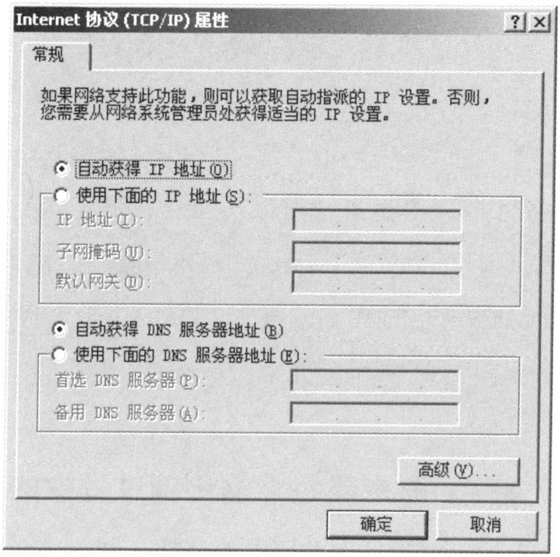

Internet 协议 (TCP/IP) 属性

常规

如果网络支持此功能，则可以获取自动指派的 IP 设置。否则，您需要从网络系统管理员处获得适当的 IP 设置。

自动获得 IP 地址(O)

使用下面的 IP 地址(S):

IP 地址(I):

子网掩码(U):

默认网关(D):

自动获得 DNS 服务器地址(B)

使用下面的 DNS 服务器地址(E):

首选 DNS 服务器(P):

备用 DNS 服务器(A):

高级(V)...

确定　取消

图 9.5　设置 IP 地址和子网掩码的对话框

虽然在这个对话框中可以手动设置 IP 地址和子网掩码，但是大多数情况下选择的还是“自动获得 IP 地址”这个选项。这个选项使得计算机在启动时会去从 DHCP 服务器获取 IP 地址和子网掩码，并自动地配置它们。

DHCP 的全称是 Dynamic Host Configuration Protocol（动态主机设置协议）。在笔者搭建的 LAN 中，使用了一台装有 Linux 的计算机充当 DHCP 服务器的角色。因为 Windows 的计算机也同样支持 DHCP 的协议，所以即使服务器上装的是 Linux，而客户端装的是 Windows，也没有关系。

DHCP 服务器上记录着可以被分配到 LAN 内计算机的 IP 地址范围和子网掩码的值。作为 DHCP 客户端的计算机在启动时，就可以从中知道哪些 IP 地址还没有分配给其他计算机。

请再看一次图 9.5。虽然文字是灰色的也许有些难以辨认，但是还是可以看到有一个叫作“默认网关”的配置项。通常会把路由器的 IP 地址设置在这里。也就是说路由器就是从 LAN 通往互联网世界的入口（Gateway）。路由器的 IP 地址也可以从 DHCP 服务器获取。最后再请诸位注意一点，这里选择了“自动获得 DNS 服务器地址”这一选项。也就是说，DNS 服务器的 IP 地址也可以从 DHCP 服务器获取。DNS 服务器的作用将在稍后的章节中介绍。

9.5 实验 4：路由器是数据传输过程中的指路人

在分组管理下，IP 地址中的网络地址部分可以代表一个组中的全部计算机，即一个 LAN 中的计算机全体。互联网就是用路由器把多个 LAN 连接起来所形成的一张大网。从以上这两点，是不是就能慢慢看出路由器所扮演的角色了？

路由器正如其名，就是决定数据传输路径的设备。在本实验环境中，与 LAN 内的其他计算机一样，路由器也是连接在集线器上的。因为 LAN 内采用了 CSMA/CD 机制，所以所有发送出去的数据也都会发到路由器上。当从公司内的计算机向另一家公司的计算机发送数据时会发生什么呢？首先，一个不属于 LAN 内计算机的 IP 地址会被附加到数据的发送目的地字段上。这样的数据虽然会被 LAN 内的计算机所忽略，但是不会被路由器忽略。因为路由器的工作原理就是查看附加到数据上的 IP 地址中的网络地址部分，只要发现这个数据不是发送给 LAN 内计算机的，就把它发送到 LAN 外，即互联网的世界中。

路由器虽然看起来就是个小盒子，可实际上是一台神奇的计算机。分布在世界各地的 LAN 中的路由器相互交换着信息，互联网正是由于这种信息的交换才得以联通。这种信息被称作“路由表”，用来记录应该把数据转发到哪里。在像互联网这样的网络中，传输路径错综复杂，而路由器就是站在各个岔路口的指路人（如图 9.6 所示）。在一台路由器的路由表中，只会记录通往与之相邻的路由器的路径，而并不会记录世界范围内的所有传输路径。

图 9.6 路由器是互联网中的指路人

下面就实际观察一下路由表吧。为此需要在命令提示符窗口中执行如下命令（执行结果如图 9.7 所示）。

```
route print
```

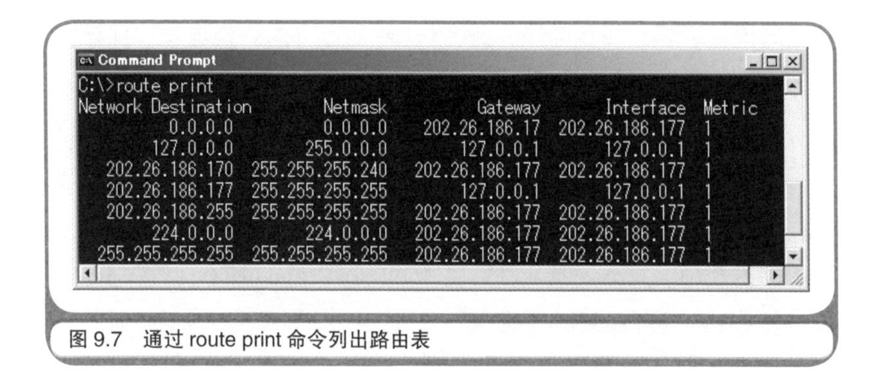

图 9.7　通过 route print 命令列出路由表

路由表由 5 列构成。Network Destination、Netmask、Gateway、Interface 这四列记录着数据发送的目的地和路由器的 IP 地址等信息。Metric 这一列记录着路径的权重，这个值由某种算法决定，比如数据传输过程中经过的路由器的数量。如果遇到有多条候选路径都可以通往目的地的情况，路由器就会选择 Metric 值较小的那条路径。在路由表中还有如下的规则：如果数据的发送目的地就在本 LAN 中，则可以直接发送数据而无需经过路由器转发；反之如果在 LAN 外（或发送目的地的 IP 地址不在路由表中），则需要经过路由器转发。细节虽然有些复杂，但是只要了解了大体上的规则就可以了。

9.6　实验 5：查看路由器的路由过程

假设诸位正在浏览笔者目前就职的公司 GrapeCity 的主页（http://www.grapecity.com/）。GrapeCity 的 Web 服务器中的数据，要经过若干个路由器的转发才能达到诸位的计算机上。通常把这种数据经过路由器转发的过程称为“路由”（Routing）。

在命令提示符窗口中执行 tracert 命令后，就可以查看路由的过程了。执行时需要在 tracert 的后面指定一个主机名（或计算机名），作为数据的发送目的地。这样看到的转发路径其实是相反的，那我们就干脆来看一下诸位的计算机到 GrapeCity 的 Web 服务器的路径吧。请在命令提示符窗口中执行如下命令（执行结果如图 9.8 所示）。

```
tracert www.grapecity.com
```

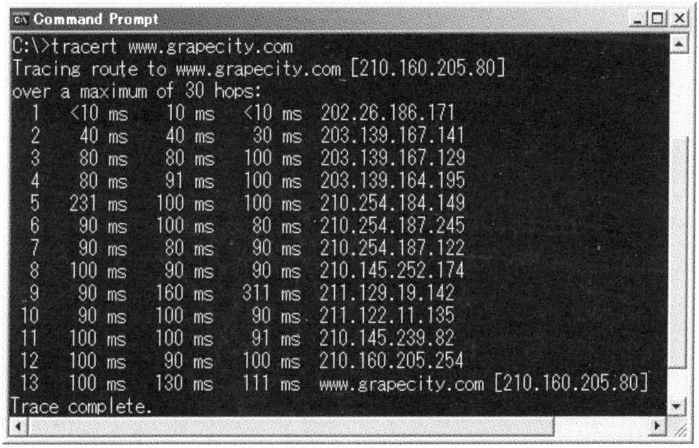

```
Command Prompt
C:\>tracert www.grapecity.com
Tracing route to www.grapecity.com [210.160.205.80]
over a maximum of 30 hops:
  1   <10 ms    10 ms   <10 ms  202.26.186.171
  2    40 ms    40 ms    30 ms  203.139.167.141
  3    80 ms    80 ms   100 ms  203.139.167.129
  4    80 ms    91 ms   100 ms  203.139.164.195
  5   231 ms   100 ms   100 ms  210.254.184.149
  6    90 ms   100 ms    80 ms  210.254.187.245
  7    90 ms    80 ms    90 ms  210.254.187.122
  8   100 ms    90 ms    90 ms  210.145.252.174
  9    90 ms   160 ms   311 ms  211.129.19.142
 10    90 ms   100 ms    90 ms  211.122.11.135
 11   100 ms   100 ms    91 ms  210.145.239.82
 12   100 ms    90 ms   100 ms  210.160.205.254
 13   100 ms   130 ms   111 ms  www.grapecity.com [210.160.205.80]
Trace complete.
```

图 9.8 通过 tracert 命令查看路由的过程

诸位难道不认为这回的实验结果非常有意思吗？左侧按照 1～13 的顺序列出了数据前进道路上途经的 IP 地址。第 1 行的 202.26.186.171 是作为实验对象的 LAN 内的路由器。第 2 行的 203.139.167.141 是笔者所租用的互联网服务提供商的路由器。从第 3 到第 11 行，是其他服务提供商的路由器。其中第 11 行的 210.145.239.82 是 GrapeCity 所租用的服务提供商的路由器。第 12 行的 210.160.205.254 是 GrapeCity 的路由器。最后，第 13 行的 210.160.205.80 是 GrapeCity 的 Web 服务器。可以看到，从笔者公司内的 LAN 出发，通过 13 次路由才终于到达了 GrapeCity 的 Web 服务器。

9.7 实验 6: DNS 服务器可以把主机名解析成 IP 地址

笔者希望诸位在刚刚的实验中注意到了这样一个问题：在互联网的世界中，本应使用 IP 地址这样的数字来标识计算机才是，而刚刚却能使用一串字符 www.grapecity.com 来标识 GrapeCity 的 Web 服务器。实际上，在互联网中还存在着一种叫作 DNS（Domain Name System，域名系统）的服务器。正是该服务器为我们把 www.grapecity.com 这样的域名解析为了 210.160.205.80 这样的 IP 地址 。

诸位的计算机都有一个主机名，每个 LAN 也都有一个域名。举例来说，笔者所使用的计算机的主机名是 ma50j（源于这台计算机的型号），所在的 LAN 的域名是 yzw.co.jp。把主机名和域名组合起来所形成的 ma50j.yzw.co.jp，就是能够标识笔者这台计算机的一个世界范围内独一无二的名字，这个名字与 IP 地址的作用是等价的。通常把这种由主机名和域名组合起来形成的名字称作 FQDN（Fully Qualified Domain Name，完整限定域名）。

在互联网中，难以记忆的 IP 地址使用起来很麻烦。于是人们就发明出了 DNS 服务器，这样只需要使用 FQDN，DNS 服务器就可以自动地把它解析为 IP 地址了（这个过程叫作“域名解析”）。DNS 服务器通常被部署在各个 LAN 中，里面记录着 FQDN 和 IP 地址的对应关系表。世界范围内的 DNS 服务器是通过相互合作运转起来的。如果一台 DNS 服务器无法解析域名，它就会去询问其他的 DNS 服务器。这套流程是自动进行的，诸位并不会意识到。

下面我们就进入实验阶段吧。首先，查一查各自计算机的主机名。在命令提示符窗口执行 hostname 这条命令。结果中只会显示主机名，并没有 FQDN（如图 9.9 所示）。虽然有些啰嗦，但还是要说明一下在其他版本的 Windows 中，这条命令的输出结果可能会有差异。这里没能列出其他版本上的执行结果，还望诸位见谅。

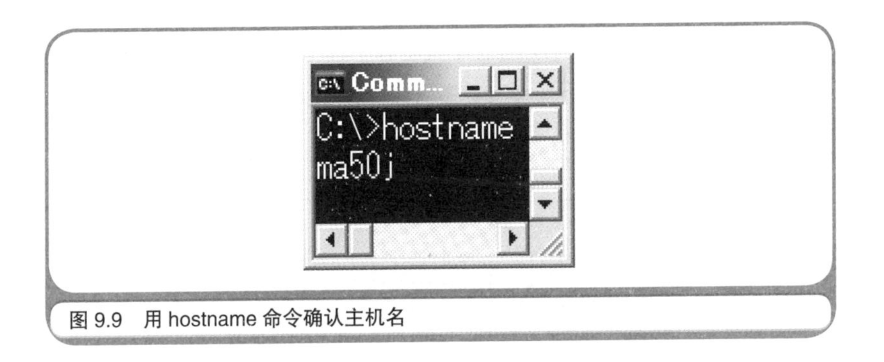

图 9.9　用 hostname 命令确认主机名

接下来想要查看 FQDN 的话，则需要执行之前使用过的 ipconfig /all 命令。结果画面中，Host Name 后面显示的是主机名，而 DNS Suffix Search List 后面显示的就是域名。将这两者组合起来就能得到 FQDN。于是可以确认笔者计算机的 FQDN 确实是 ma50j.yzw.co.jp（如图 9.10 所示）。

图 9.10　用 ipconfig /all 命令确认主机名和域名

下面再来操作一下 DNS 服务器。在命令提示符窗口中执行 nslookup，屏幕上就会显示出一个提示符“>”，表示现在可以询问 DNS 服务器了。而提示符上面的 ns.yzw.co.jp 和 202.26.186.172，则是笔者公司 LAN 内的 DNS 服务器的 FQDN 和 IP 地址。试着输入 www.grapecity.com，然后按下 Enter 键。结果输出了 210.160.205.80，这正是 GrapeCity 的 Web 服务器的 IP 地址。www.grapecity.com 和 210.160.205.80 的对应关系，是通过询问其他互联网上的 DNS 服务器才得知的，并没有被事先录入到笔者公司内 LAN 中的 DNS 服务器上。要想退出 nslookup，请输入 exit，然后按下 Enter 键（如图 9.11 所示）。

图 9.11 使用 nslookup 进行域名解析

9.8 实验 7：查看 IP 地址和 MAC 地址的对应关系

在互联网的世界中，到处传输的都是附带了 IP 地址的数据。但是能够标识作为数据最终接收者的网卡的，还是 MAC 地址。于是在计算机中就加入了一种程序，用于实现由 IP 地址到 MAC 地址的转换，这种功能被称作 ARP（Address Resolution Protocol，地址解析协议）。

ARP 的工作方式很有意思。它会对 LAN 中的所有计算机提问："有谁的 IP 地址是 210.160.205.80 吗？有的话请把你的 MAC 地址告诉我。" 通常把这种同时向所有 LAN 内的计算机发送数据的过程称作 "广播”（Broadcast）。通过广播询问，如果有某台计算机回复了 MAC 地址，那么这台计算机的 IP 地址和 MAC 地址的对应关系也就明确了。ARP 的工作流程也是自动进行的，诸位并不会意识到。

如果为了查询 MAC 地址，每回都要进行广播询问，那么查询的效率就会降低。于是 ARP 还提供了缓存的功能，当向各个计算机都询问完一轮之后，就会把得到的 MAC 地址和 IP 地址的对应关系缓存起来（临时保存在内存中）。存起来的这些对应关系信息称作“ARP 缓存表”。只要在命令提示符窗口中执行 arp -a 命令，就可以查看当前 ARP 缓存表中的内容。那么，作为最后的实验，我们就来查看一下 ARP 缓存表吧。

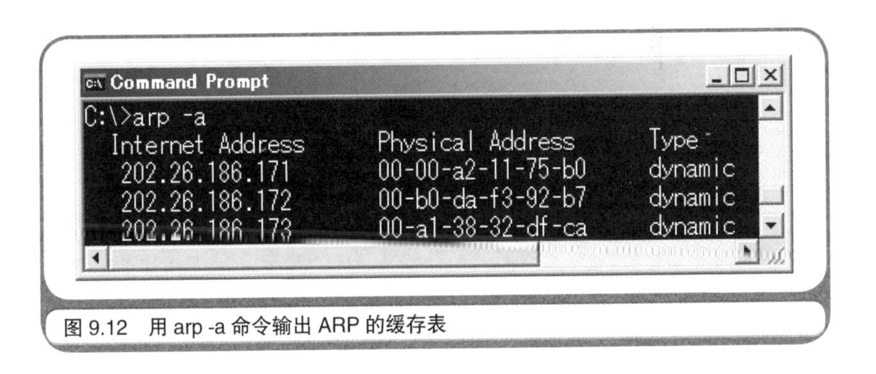

图 9.12　用 arp -a 命令输出 ARP 的缓存表

9.9　TCP 的作用及 TCP/IP 网络的层级模型

最后请允许笔者补充说明一些内容。TCP/IP 这个词表示在网络上同时使用了 TCP 和 IP 这两种协议。正如前面所讲解的那样，IP 协议用于指定数据发送目的地的 IP 地址以及通过路由器转发数据。而 TCP 协议则用于通过数据发送者和接收者相互回应对方发来的确认信号，可靠地传输数据。通常把像这样的数据传送方式称作“握手”

（Handshake）（如图9.13所示）。TCP协议中还规定，发送者要先把原始的大数据分割成以“包”（Packet）为单位的数据单元，然后再发送，而接收者要把收到的包拼装在一起还原出原始数据。

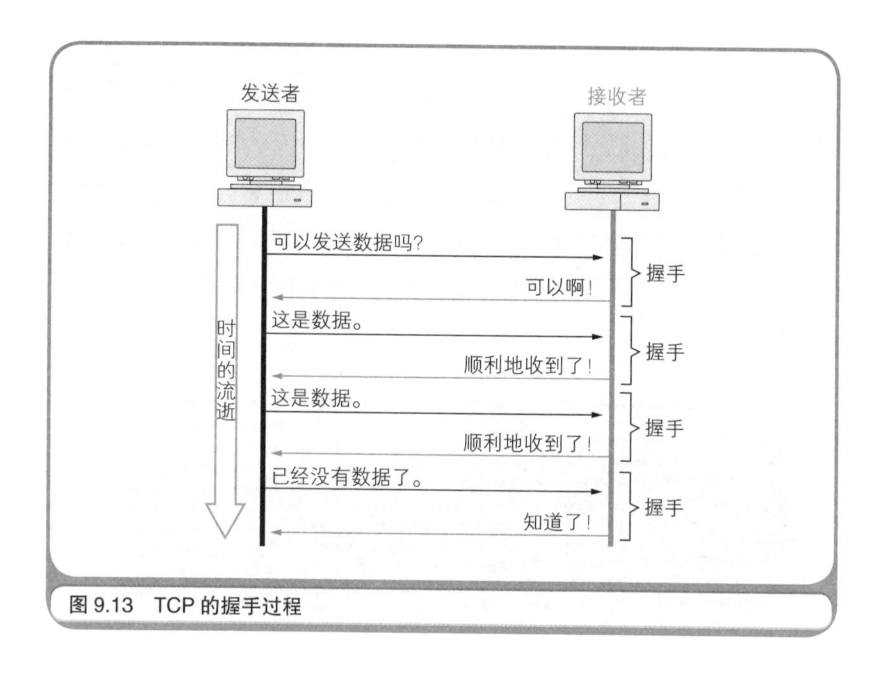

图9.13 TCP的握手过程

在之前的讲解中，一直把协议和约束等同起来，但恐怕还是会有人觉得协议这个词难以理解吧。正因为发送者和接收者都遵循了相同的约束，双方才能相互发送数据。为了能够在约束下收发数据，操作系统将实现了TCP和IP等协议的程序作为自身的一部分功能提供。遵循约束表现在统一数据的格式上。例如，诸位敲打键盘输入的电子邮件正文等数据，并不是原封不动地发送出去的，而是先通过实现了TCP协议的程序附加上遵守TCP约束所需的信息，然后再通过实现了IP协议的程序，进一步附加上遵守IP约束所需的信息。实际上计算机发送的是以包为单位的、附加了各种各样信息的数据（如图9.14所示）。

MAC信息	IP信息	TCP信息	数据	错误检查信息

图 9.14 附加了各种各样信息的数据包

硬件上发送数据的是网卡。在网卡之上是设备驱动程序（用于控制网卡这类硬件的程序），设备驱动程序之上是实现了 IP 协议的程序，IP 程序之上则是实现了 TCP 协议的程序，而再往上才是应用程序，比如 Web 或电子邮件。这样就构成了一幅在硬件之上堆叠了若干个软件层的示意图（如图 9.15 所示）。TCP 协议使用被称作“TCP 端口号”的数字识别上层的应用程序。TCP 端口号中有一些是预先定义好的，比如 Web 使用 80 端口，电子邮件使用 25 端口（用于发送）和 110 端口（用于接收）。

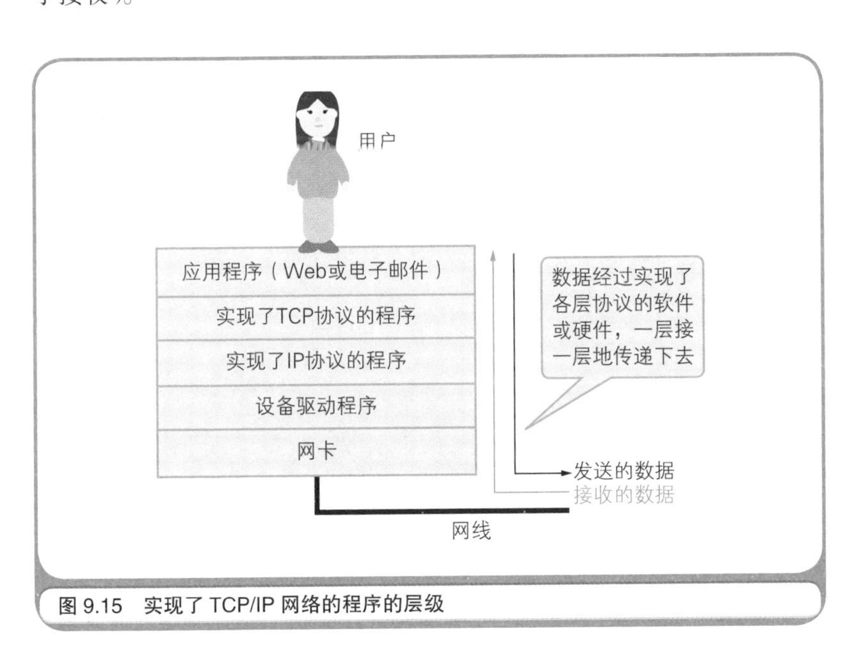

图 9.15 实现了 TCP/IP 网络的程序的层级

☆　☆　☆

怎么样？对于至今为止一直在使用却不知其所以然的网络，一旦了解了其中的原理，就会很有成就感吧？但是，目前为止我们通过实验所掌握的只不过是 TCP/IP 网络的基础知识。如果想要了解得更加深入，笔者建议诸位去学习有关 TCP/IP 的专业书籍。只要掌握了本章所讲解的基础知识，即便在这之前还觉得那些书难以理解，现在也应该可以轻松地看懂了。在深入学习的阶段，如果有条件进行实验，那么请务必动手做一做。因为通过实验学到的知识，人们往往会掌握得更扎实、记忆得更牢靠。

在接下来的第 10 章中，笔者将讲解与网络安全相关的加密技术和身份认证机制。敬请期待！

第10章 试着加密数据吧

热身问答

在阅读本章内容前，让我们先回答下面的几个问题来热热身吧。

初级问题

通常把还原加密过的文件这一操作叫作什么？

中级问题

在字母 A 的字符编码上加上 3，可以得到哪个字母？

高级问题

在数字签名中使用的信息摘要是什么？

怎么样？被这么一问，是不是发现有一些问题无法简单地解释清楚呢？下面，笔者就公布答案并解释。

初级问题：叫作解密。

中级问题：可以得到字母 D。

高级问题：信息摘要是指从作为数字签名对象的文件整体中计算出的数值。

解释

初级问题：本章将会介绍加密和解密的具体例子。

中级问题：因为字母表中的字母编码是按字母顺序排列的，所以在字母 A 的编码上加 3，即 A→B→C→D，所以可以得到 D。

高级问题：对比由文件整体计算出的信息摘要，可以证明文件的内容有没有被篡改。加密处理过的信息摘要就是数字签名。

本章重点

在前面的章节中，涉及的都是一些稍显死板的话题。那么在本章，就喝杯咖啡稍微休息一下吧，敬请诸位放松心情往下阅读。本章的主题是数据加密。对于公司内部的网络而言，由于只是将员工的电脑彼此相连，可能就不太需要对其间传输的数据进行加密。但是在互联网中，由于它联结的是全世界范围的企业和个人，所以会面临很多需要对数据进行加密处理的情况[①]。举例来说，在网店购物时用户输入的信用卡卡号，就是应该被加密传输的代表性数据。假设卡号未经加密就被发送出去，那么就会面临卡号被同样接入互联网的某人盗取，信用卡被其用来肆意购物的危险。因此像这种网店页面的URL，通常都是以 https:// 开头，表示数据正在使用加密的方式进行传输。其实，大家在不知不觉中就已经都是加密技术的受益者了。

然而，如何对数据进行加密呢？这的确是个有意思的话题。在本章中，我们将使用 VBScript（Visual Basic Scripting Edition）语言实际编写几个加密程序来展开这个话题[②]。请诸位不要只是阅读文字内容，还应该实际确认程序的运作。加密技术真的是一项有趣得令人兴奋的技术！

10.1 先来明确一下什么是加密

在作为加密对象的数据中，蕴含着文本、图像等各种形式的信息。但是，由于计算机会把所有的数据都用数字表示，所以即便数据有各

① 当然在很多情况下，即便是企业内的局域网也需要应用加密技术，例如针对无线局域网这种传输的数据很容易被监听的环境，或者人事资料这种就算是被员工盗取也会产生恶劣影响的敏感数据。

② 从 Windows 98 以后，操作系统本身集成了 WSH（Windows Script Host）功能，通过使用记事本（notepad.exe）之类的文本编辑器，用 VBScript 语言编写的程序可以直接执行。

种展现形式，对其加密的技术却是基本相同的。因此在本章中，我们就假设加密的对象仅限于文本数据。

文本数据可以由各种各样的字符构成。其中每个字符都被分配了一个数字，我们称之为“字符编码”。定义了应该把哪个编码分配给哪个字符的字符编码体系叫作字符集。字符集分为ASCII字符集、JIS字符集、Shift-JIS字符集，EUC字符集、Unicode字符集等若干种。

在表10.1中，以十进制数字列出了大写拉丁字母（A至Z）的ASCII编码。计算机会把文本数据处理成数字序列，例如在使用了ASCII编码的计算机中，就会把NIKKEI处理成“78 73 75 75 69 73”。可是只要把这一串数字转换为对应的字符显示在屏幕上，就又变成了人们所认识的NIKKEI了。通常把这种未经加密的文本数据称为“明文”。

表10.1　用于表示A至Z的ASCII编码（10进制）

字符	编码	字符	编码
A	65	N	78
B	66	O	79
C	67	P	80
D	68	Q	81
E	69	R	82
F	70	S	83
G	71	T	84
H	72	U	85
I	73	V	86
J	74	W	87
K	75	X	88
L	76	Y	89
M	77	Z	90

数据一旦以明文的方式在网络中传输，就会有被盗取滥用的危险，因此要对明文进行加密，将它转换成为“密文”。当然密文也仅仅是一

串数字，但是如果是把密文显示在屏幕上，那么在人类看来显示的也只不过是读不懂、没有意义的字符序列罢了。

虽然存在各种各样的加密技术，但是其中的基本手段无外乎还是字符编码的变换，即将构成明文的每个字符的编码分别变换成其他的数值。通过反转这种变换过程，加密后的文本数据就可以还原。通常把密文还原成明文的过程（即解读密码的过程）称为“解密”。

10.2 错开字符编码的加密方式

有关加密的概念和术语先解释到这里，下面就通过运行程序来实际体验加密的过程吧。代码清单 10.1 中，列出了一段用于加密的示例程序。在该程序中，使用了如下加密方法：将文本数据中每个字符所对应的字符编码一律向后错三个，即给原字符编码的值加上 3。请把这段程序保存到以 .vbs 为扩展名的文本文件中，例如 cipher1.vbs，然后把该文件保存到合适的文件夹中。接下来只需双击 cipher1.vbs 的图标即可运行这段程序。请试着在最初弹出的窗口中输入要加密的文本数据（明文），例如就输入 NIKKEI 吧，然后单击 OK 按钮。在接下来弹出的窗口中会显示出加密后的文本数据（密文）。因为每个字符的编码都向后错了三个，所以得到的是 QLNNHL。这样的话，即便是被人偷偷地看到了，那个人也无法理解这个字符串的意义（如图 10.1 所示）。

代码清单 10.1　用给字符编码加上 3 的方法加密

```
plaintext = InputBox("请输入明文。")
cipher = ""
For i = 1 To Len(plaintext)
    letter = Mid(plaintext, i, 1)
    cipher = cipher & Chr(Asc(letter) + 3)
Next
MsgBox cipher
```

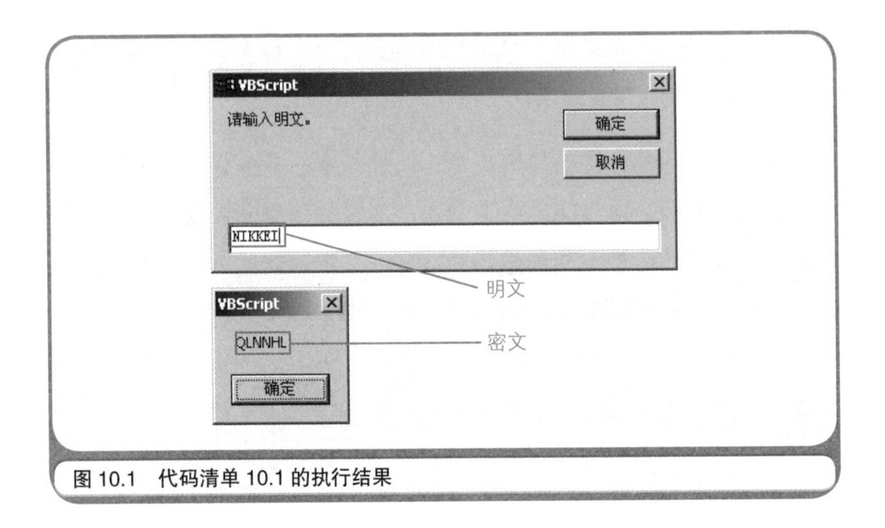

图 10.1 代码清单 10.1 的执行结果

因为加密时使用的是将字符编码向后错三个的方法，所以只要再将字符编码向前挪三个就可以实现解密。代码清单 10.2 中就是解密程序。与进行加密的程序相反，解密使用的是从字符编码中减去 3 的方法。在最初弹出的窗口中输入密文，我们就输入刚刚得到的 QLNNHL，然后单击 OK 按钮。在接下来弹出的窗口中就会显示出解密后的明文 NIKKEI（如图 10.2 所示）。怎么样？这看起来还是挺酷的吧。

代码清单 10.2 用把字符编码减去 3 的方法解密

```
cipher = InputBox("请输入密文。")
plaintext = ""
For i = 1 To Len(cipher)
    letter = Mid(cipher, i, 1)
    plaintext = plaintext & Chr(Asc(letter) - 3)
Next
MsgBox plaintext
```

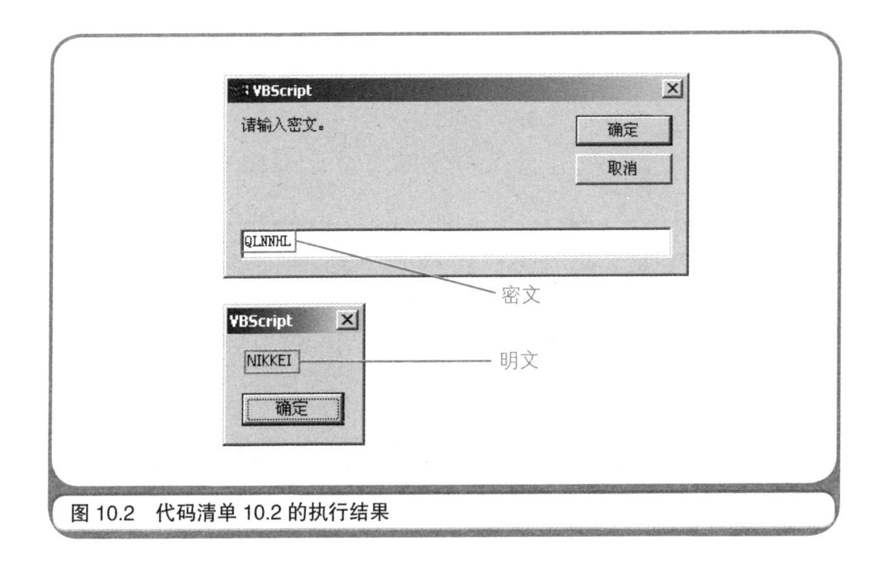

图 10.2　代码清单 10.2 的执行结果

也就是说，加上 3 就是加密，减去 3 就是解密。因此通常把像 3 这样用于加密和解密的数字称为“密钥”。如果事先就把 3 这个密钥作为只有数据的发送者和接受者才知道的秘密，那么不知道这个密钥的人，就无法对加密过的数据进行解密。

下面再试着编写一个加密程序吧。这次让密钥的值也可以由用户指定吧。该程序通过把每一个字符的编码与密钥做 XOR 运算（eXclusive OR，逻辑异或运算），将明文转换成密文（如代码清单 10.3 所示）。XOR 运算的有趣之处在于，用 XOR 运算加密后的密文，可以通过相同的 XOR 运算解密。也就是说，一个程序既可用于加密又可用于解密，很方便（如图 10.3 所示）。

代码清单 10.3　通过 XOR 运算进行加密和解密

```
k = InputBox("请输入密钥。")
key = CInt(k)
text1 = InputBox("请输入明文或密文。")
text2 = ""
```

```
For i = 1 To Len(text1)
    letter = Mid(text1, i, 1)
    text2 = text2 & Chr(Asc(letter) Xor key)
Next
MsgBox text2
```

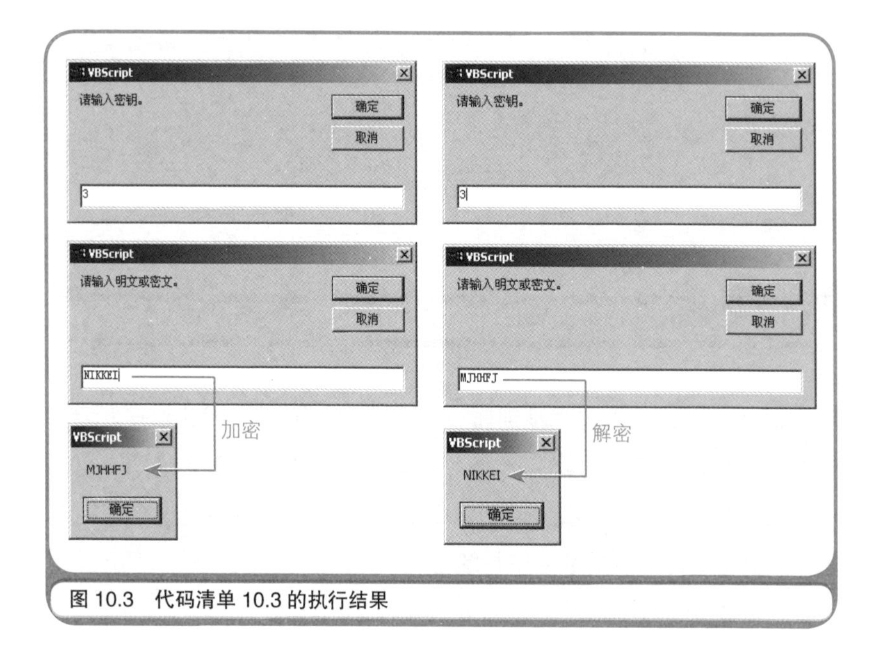

图 10.3 代码清单 10.3 的执行结果

XOR 运算的法则是把两个数据先分别用二进制表示，然后当一个数据中的某一位与另一个数据中的 1 相对时，就将这一位反转（若这一位是 0 就变成 1，是 1 就变成 0）[①]。因为是靠翻转数字实现的加密，所以只要再翻转一次就可以解密。图 10.4 中展示了密钥 3（用二进制表示是 00000011）和字母 N（其字符编码用二进制表示是 01001110）做 XOR 运算的结果，请诸位确认通过翻转和再翻转还原出字母 N 的过程：N 的字符编码先和 3 做 XOR 运算，结果是字母 M 的字符编码。

① 异或运算的法则也可以描述成如果对应位置上的两个二进制数 a、b 的值相同，则结果为 0。如果 a、b 的值不相同，则结果为 1。

M 的字符编码再和 3 做 XOR 运算，结果就又回到了 N 的字符编码。

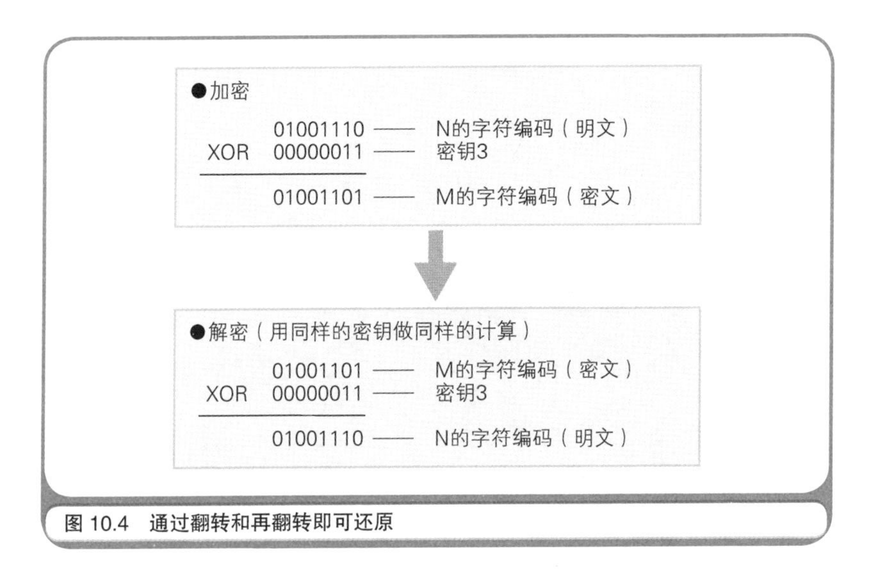

图 10.4 通过翻转和再翻转即可还原

10.3 密钥越长，解密越困难

在互联网等环境中，会有很多不固定的人群相互收发经过加密处理的数据。一般情况下，会将所使用的加密方式公开，而只对密钥的值保密。但是令人感到遗憾的是，这个世界上还是有坏人的。有些人会盗取那些并不是发送给他们的加密数据，企图破解后用于不可告人的目的。尽管这些人并不知道密钥的值，但是他们会利用计算机强大的计算能力，用密钥所有可能的取值去试着破解。例如，要想破解用 XOR 运算加密得到的密文 MJHHFJ，程序只要把 0 到 9 这几个值分别作为密钥都尝试一遍就能做到（如代码清单 10.4、图 10.5 所示）。

代码清单 10.4 通过 XOR 运算破解密文的程序

```
cipher = InputBox(" 请输入密文。")
plaintext = ""
```

```
For key = 0 To 9
    plaintext = plaintext & "密钥" & CStr(key) & ":"
    For i = 1 To Len(cipher)
        letter = Mid(cipher, i, 1)
        plaintext = plaintext & Chr(Asc(letter) Xor key)
    Next
    plaintext = plaintext & Chr(&HD)
Next
MsgBox plaintext
```

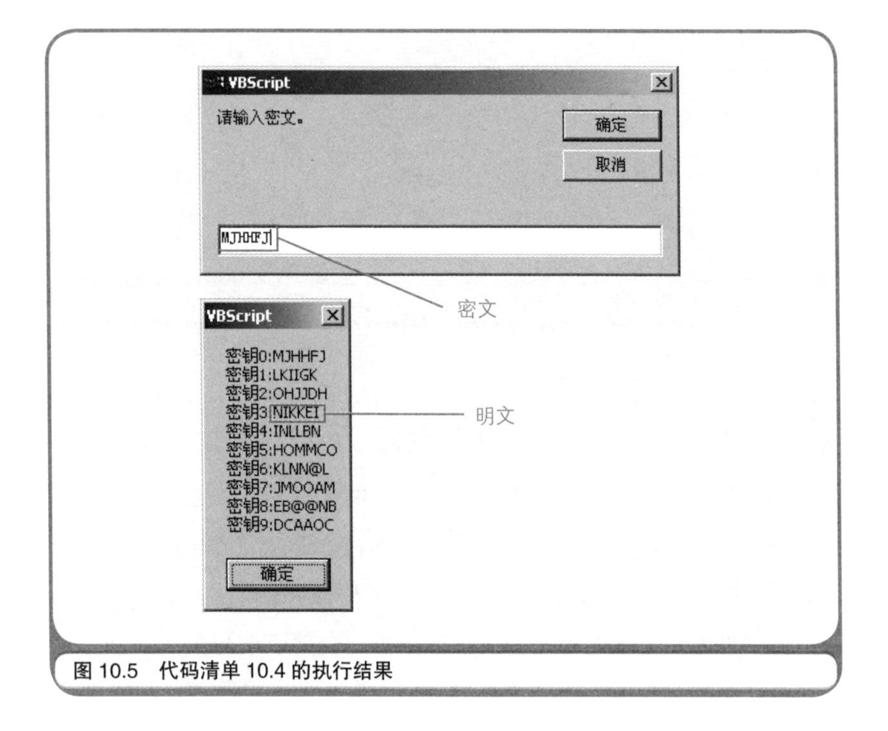

图 10.5　代码清单 10.4 的执行结果

在互联网上经过加密的数据也难免被盗，因此就要先设法做到即使数据被盗了，其内容也难以被破解。为此可以把密钥设成多位数而不仅仅是一位数。下面，我们就丢弃一位数的 3，试着以三位数的 345 为密钥，通过 XOR 运算来试着进行加密（如代码清单 10.5 所示）。将明文中的第一个字母与 3 做 XOR 运算、第二个字母与 4 做 XOR 运算、第三个字母与 5 做 XOR 运算。从第四个字母开始，还是以三个字母为一组依次与 3、4、5 做 XOR 运算，依此类推（如图 10.6 所示）。

代码清单 10.5 通过与三位数的密钥进行 XOR 运算实现加密和解密

```
Dim key(2)
key(0) = 3
key(1) = 4
key(2) = 5
text1 = InputBox("请输入明文或密文。")
text2 = ""
For i = 1 To Len(text1)
   letter = Mid(text1, i, 1)
   text2 = text2 & Chr(Asc(letter) Xor key((i - 1) Mod 3))
Next
MsgBox text2
```

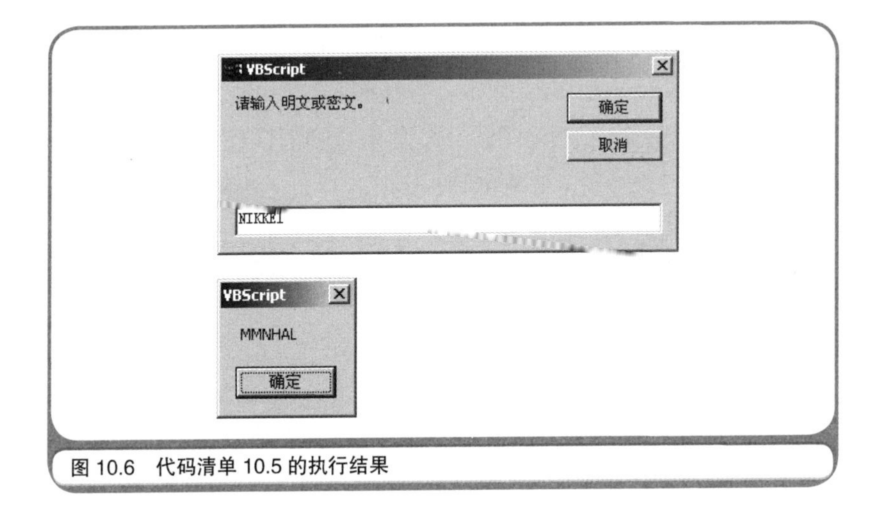

图 10.6 代码清单 10.5 的执行结果

如果仅用一位数作为密钥，那么只需要从 0 到 9 尝试十次就能破解密文。但是如果是用三位数的密钥，那么就有从 000 到 999 的 1000 种可能。如果更进一步把密钥的位数增长到十位，结果会怎样呢？那样的话，破解者就需要尝试 10 的 10 次方 = 100 亿次。就算使用了一秒钟可以进行 100 万次尝试的计算机，破解密文也还是需要花费 100 亿

÷100 万次 / 秒 = 10000 秒≈ 2.78 小时，坏人说不定就会因此放弃破解。密钥每增长一位，破解所花费的时间就会翻 10 倍。密钥再进一步增长到 16 位的话，破解时间就是 2.78 小时 ×1000000 ≈ 317 年，从所需的时间上来看，可以说破解是不可能的。

10.4　适用于互联网的公开密钥加密技术

前面几节所讲解的加密技术都属于“对称密钥加密技术”，也称作“秘密密钥加密技术”（如图 10.7 所示）。这种加密技术的特征是在加密和解密的过程中使用数值相同的密钥。因此，要使用这种技术，就必须事先把密钥的值作为只有发送者和接收者才知道的秘密保护好（如图 10.7-(1) 所示）。虽然随着密钥位数的增加，破解难度也会增大，但是事先仍不得不考虑一个问题：发送者如何才能把密钥悄悄地告诉接收者呢？用挂号信吗？要是那样的话，假设有 100 名接收者，那么发送者就要寄出 100 封挂号信，非常麻烦，而且这样也无法防止通信双方以外的其他人知道密钥。再说寄送密钥也要花费时间。互联网的存在应该意味着用户可以实时地与世界各地的人们交换信息。因此对称密钥加密技术不适合在互联网中使用。

但是世界上不乏善于解决问题的能人。他们想到只要让解密时的密钥不同于加密时的密钥，就可以克服对称密钥加密技术的缺点。（“会有这样的技术吗？”也许诸位不禁会发出这样的疑问，稍后笔者将展示具体的例子）。而这种加密技术就被称为“公开密钥加密技术”。

在公开密钥加密技术中，用于加密的密钥可以公开给全世界，因此称为“公钥”，而用于解密的密钥是只有自己才知道的秘密，因此称为“私钥”。举例来说，假设笔者的公钥是 3，私钥是 5（实际中会把位数更多的两个数作为一对儿密钥使用）。笔者会通过互联网向全世界宣布“矢泽久雄的公钥是 3 哦”。这之后当诸位要向笔者发送数据的时候，就可以用这个公钥 3 加密数据了。这样就算加密后的密文被人盗取了，只要他还不知道笔者的私钥就不可能对其解密，从而保证了数据的安全性。而收到了密文的笔者，则可以使用只有笔者自己才知道的私钥 5 对其解密（如图 10.7(2) 所示）。怎么样？这个技术很棒吧！

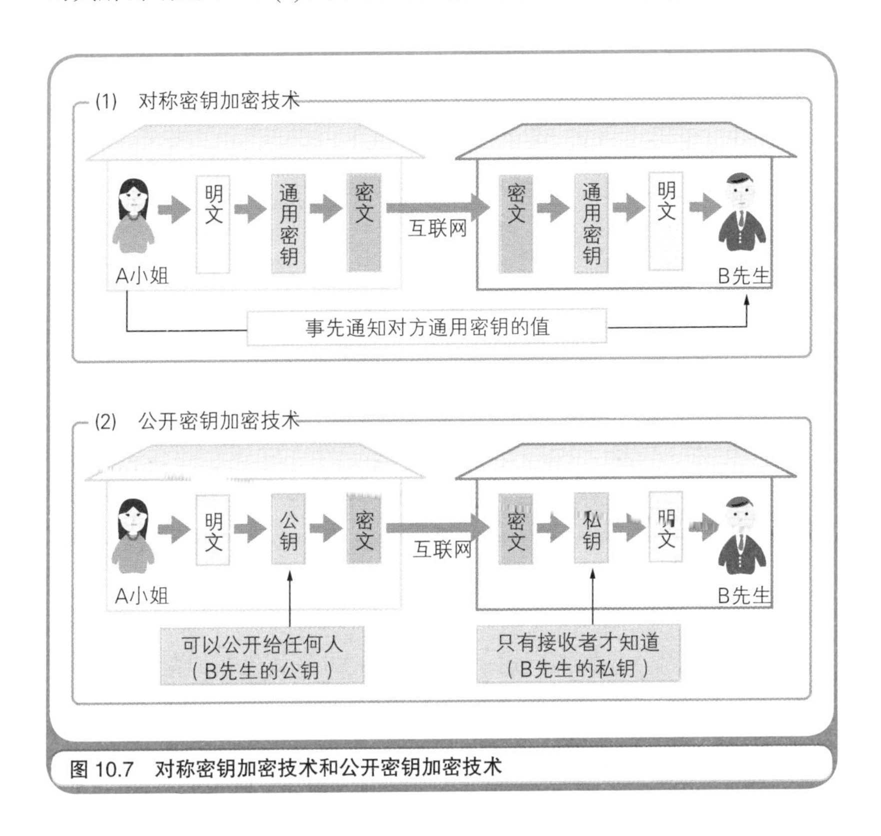

图 10.7 对称密钥加密技术和公开密钥加密技术

可用于实现公开密钥加密技术的算法有若干种，这里笔者将介绍目前广泛应用于互联网中的 RSA 算法。RSA 这个名字是由三位发明者 Ronald Rivest、Adi Shamir 和 Leonard Adleman 姓氏的首字母拼在一起组成的。美国的 RSA 信息安全公司对 RSA 的专利权一直持有到 2000

年 9 月 20 日。使用 RSA 创建公钥和私钥的步骤如图 10.8 所示。无论是公钥还是私钥都包含着两个数值，两个数值组成的数对儿才是一个完整的密钥。

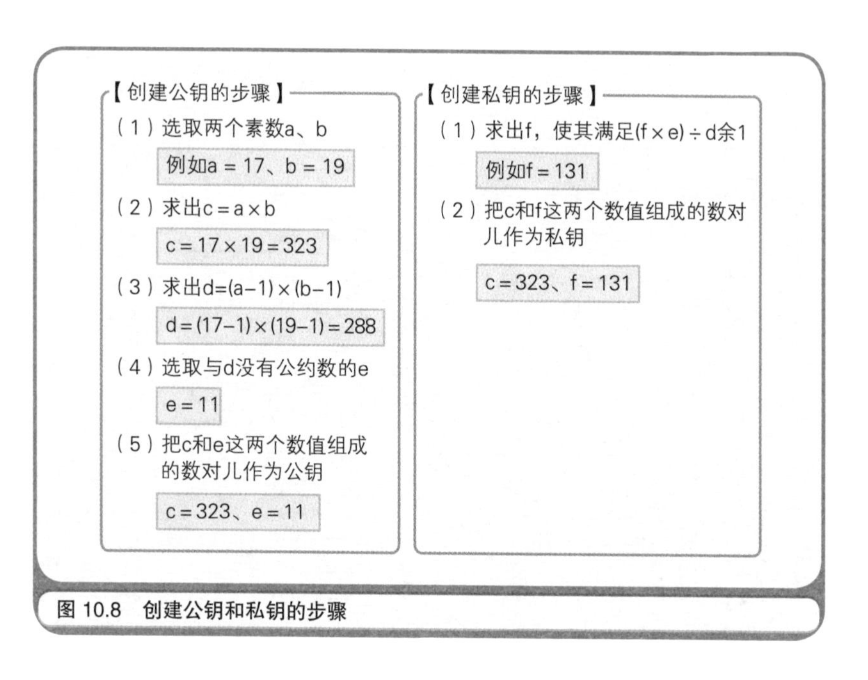

图 10.8　创建公钥和私钥的步骤

由图 10.8 的步骤可以得出：323 和 11 是公钥，323 和 131 是私钥，的确是两个值都不相同的密钥。在使用这对儿密钥进行加密和解密时，需要对每个字符执行如图 10.9 所示的运算。这里参与运算的对象是字母 N（字符编码为 78）。用公钥对 N 进行加密得到 224，用私钥对 224 进行解密可使其还原为 78。

乍一看会以为只要了解了 RSA 算法，就可以通过公钥 c = 323、e = 11 推算出私钥 c = 323，f = 131 了。但是为了求解私钥中的 f，就不得不对 c 进行因子分解，分解为两个素数 a、b。在本例中 c 的位数很短，而在实际应用公开密钥加密时，建议将 c 的位数（用二进制数表示时）扩充为1024位（相当于128字节）。要把这样的天文数字分解为两个素数，就算计算机的速度再快，也还是要花费不可估量的时间，时间可能长到不得不放弃解密的程度。

【用公钥加密】
密文 =((明文的e次方)÷c)的余数
=((78的11次方)÷323)的余数
=224

【用私钥解密】
明文 =((密文的f次方)÷c)的余数
=((224的131次方)÷323)的余数
=78

图 10.9 用公钥加密，用私钥解密

10.5 数字签名可以证明数据的发送者是谁

在本章的最后，先来介绍一种公开密钥加密技术的实际应用——数字签名。在日本的商界有盖章的习惯，而在欧美则是签字。印章和签名都可以证明一个事实，那就是某个人承认了文件的内容是完整有效的。而在通过网络传输的文件中，数字签名可以发挥出与印章和签名同样的证明效果。通常可以按照下面的步骤生成数据签名。步骤中所提及的“信息摘要”（Message Digest）可以理解为就是一个数值，通过对构成明文的所有字符的编码进行某种运算就能得出该数值。

【文本数据的发送者】

（1）选取一段明文

例：NIKKEI

（2）计算出明文内容的信息摘要

例：(78＋73＋75＋75＋69＋73)÷100 的余数＝43

（3）用私钥对计算出的信息摘要进行加密

例：43 → 66（字母 B 的编码）

（4）把步骤（3）得出的值附加到明文后面再发送给接收者

例：NIKKEIB

【文本数据的接收者】

（1）用发送者的公钥对信息摘要进行解密

例：B = 66 → 43

（2）计算出明文部分的信息摘要

例：(78 + 73 + 75 + 75 + 69 + 73) ÷ 100 的余数 = 43

（3）比较在步骤（1）和（2）中求得的值，二者相同则证明接收的信息有效

例：因为两边都是 43，所以信息有效

请诸位注意，这里是使用私钥进行加密、使用公钥进行解密，这与之前的用法刚好相反（如图 10.10 所示）。而且这里所使用的是信息发送者（图 10.10 中的 A 小姐）的密钥对儿，而之前所使用的则是信息接收者（B 先生）的密钥对儿。

本例中信息摘要的算法是把明文中所有字母的编码加起来，然后取总和的最后两位。而在实际中计算数字签名时，使用的是通过更加复杂的公式计算得出的、被称作 MD5（Message Digest5）的信息摘要。由于 MD5 经过了精心的设计，所以使得两段明文即使只有略微的差异，计算后也能得出不同的信息摘要。

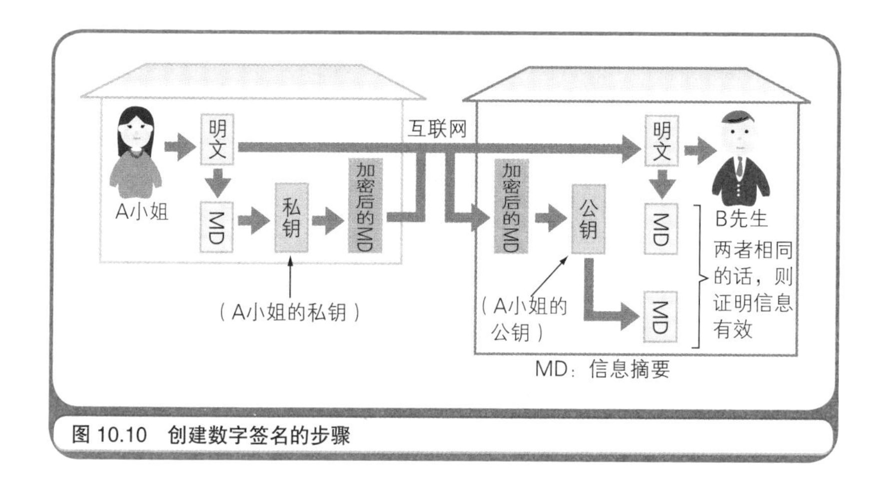

图 10.10 创建数字签名的步骤

也许诸位会认为把文件发送者的名字，比如“矢泽久雄”这个字符串用私钥加密，然后让对方用公钥解密也能代替印章或签字。但是如果这样做就不算是数字签名了，因为印章或签字有两层约束。其一是发送者承认文件的内容是完整有效的；其二是文件确实是由发送者本人发送的。发送者用构成文件的所有字符的编码生成了信息摘要，就证明发送者从头到尾检查了文件并承认其内容完整有效。如果接收者重新算出的信息摘要和经过发送者加密的信息摘要匹配，就证明文件在传输过程中没有被篡改，并且的确是发送者本人发送的。正因为数据是用发送者的私钥加密的，接收者才能用发送者的公钥进行解密。

☆　☆　☆

其实，绝对无法破解的加密技术也是存在的。首先密钥的位数要与文件数据中的字符个数相同，其次每次发送文件时都需要先更换密钥，最后为了防止密钥被盗，发送者还要亲手把密钥交给接收者。诸位明白为什么说这样做就绝对无法破解了吗？原因在于这样做等同于发送完全随机并且没有任何意义的数据。可是这种加密技术是不切实际的。合理的密钥应该满足如下条件：长短适中、可以反复使用、可以通过某种通信手段交给接收者，并且通信双方以外的其他人难以用它来解密。公开密钥加密技术就完全满足上述条件，笔者在这里要对发明了这项技术的工程师们表达由衷的敬意。

在接下来的第 11 章中，笔者将介绍作为通用数据格式的 XML。敬请期待！

第11章 XML究竟是什么

热身问答

在阅读本章内容前，让我们先回答下面的几个问题来热热身吧。

初级问题

XML 是什么的缩写？

中级问题

HTML 和 XML 的区别是什么？

高级问题

在处理 XML 文档的程序组件中，哪个成为了 W3C 的推荐标准？

怎么样？被这么一问，是不是发现有一些问题无法简单地解释清楚呢？下面，笔者就公布答案并解释。

初级问题：XML 是 Extensible Markup Language（可扩展标记语言）的缩写。

中级问题：HTML 是用于编写网页的标记语言。XML 是用于定义任意标记语言的元语言。

高级问题：DOM（Document Object Model，文档对象模型）。

解释

初级问题：所谓标记语言，就是可以用标签为数据赋予意义的语言。

中级问题：通常把用于定义新语言的语言称作元语言。通过使用 XML 可以定义出各种各样的新语言。

高级问题：本章将会介绍使用了 DOM 的示例程序。

本章重点

在计算机行业，没听说过 XML 这个词的人恐怕不存在吧。诸位也一定都知道 XML 这个词，而且也应该能深切地体会到，XML 作为一种诞生不到 10 年的新技术，却不断地渗透到了计算机的各个领域。例如，这个应用程序能够把文件保存成 XML 格式；那个 DBMS（数据库管理系统）的下一个版本将支持 XML；而那个 Web 服务是基于 XML 实现的……

本章的主题将围绕“XML 究竟是什么”来展开。XML 其格式本身就是既简单又通用的。也正因为如此，XML 才会被扩充成各种各样的形式，应用于各种各样的场景。而且今后对 XML 的利用方式也将不断地进化下去。为了不至于对进化后的 XML 形态感到吃惊，趁着现在我们就先来整理一下 XML 的基础知识吧。

11.1 XML 是标记语言

本章就从 XML 这个词的含义开始讲起吧。XML 是 Extensible Markup Language 的缩写，译为可扩展标记语言。下面先介绍什么是“标记语言”，接着再说明何谓“可扩展”。

其实诸位已经在享用标记语言所带来的便利了。例如用于编写网页的 HTML（Hypertext Markup Language，超文本标记语言）就是一种标记语言。请看图 11.1，这个网页实际上是一个名为 index.html 的 HTML 文件，部署在日经 BP 公司的 Web 服务器上。一般情况下，HTML 文件的扩展名是 .html 或 .htm。

图 11.1　日经软件的首页，这个页面的本质是个 HTML 文件

只要从 Internet Explorer Web 浏览器的“查看”菜单中选择“源文件”，就会自动打开浏览器所附带的“原始源”窗口，上面显示的正是 index.html 的内容（如图 11.2 所示）。可以看到里面有很多用“<”和“>”括起来的单词，例如 <html>、<head>、<title>、<body> 等。通常把它们称作“标签”。<html> 是用于表示这是 HTML 文件的标签。同样，其他标签也分别被赋予了意义，<head> 表示网页的头部，<title> 表示网页的标题，<body> 表示网页的主体。除此之外还有很多标签，例如使文字加粗显示的 <b>、在网页中插入图片的 <img>，等等。

通常把通过添加标签为数据赋予意义的行为称为“标记”。为这种给数据赋予意义的行为定义规则的语言就是“标记语言”。HTML 是用于编写网页的标记语言，更简单地说法就是 HTML 决定了可用于编写网页的标签。

也可以这样说，可使用的标签的种类决定了标记语言的规范。Web 浏览器会对 HTML 的标签进行解析，把由它们标记的信息渲染成在视觉上可以阅读的网页。

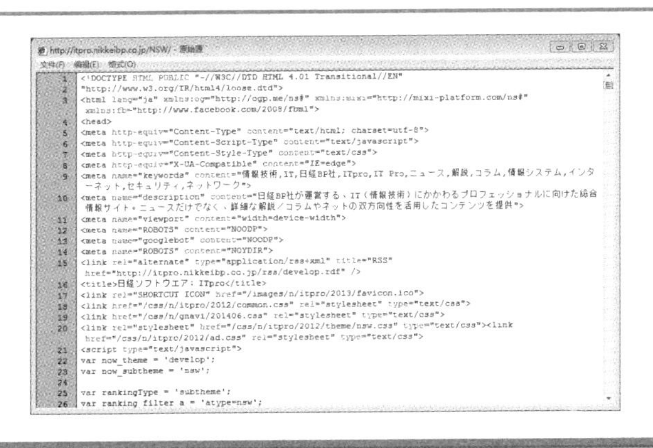

图 11.2　在记事本中显示图 11.1 所示网页的 HTML 源代码

11.2　XML 是可扩展的语言

正如其名，XML 是一种标记语言。XML 文件的扩展名一般是 .xml（使用别的也可以）。下面请诸位从 Windows 的"开始"菜单中打开"搜索"功能，找找各自的计算机中有没有 XML 文件。笔者就在自己的计算机中找到了一个名为 iuhist.xml 的 XML 文件，该文件位于文件夹 C:\Programe Files\WindowsUpdate\V4 中。接下来就试着用记事本打开这个文件（也请诸位试着打开自己找到的 XML 文件）（如图 11.3 所示）。

图 11.3　打开了 XML 文件 iuhist.xml，可以看到里面使用了标签

可以看到 XML 文件也使用了标签。在 iuhist.xml 中就有 <publisherName> 和 <processorArchitecture> 等标签，而且很有可能这两个标签表示的就是“发行者的名字”和“处理器的架构”。

那么是 XML 规定了这些标签吗？答案是否定的。XML 本身并不会限定标签的种类，反倒是允许 XML 的使用者随心所欲地创建标签。也就是说，在“<”和“>”中的单词可以是任意的。这就是所谓的“可扩展”。在 HTML 中，我们只能使用由 HTML 定义出的那若干种标签，因此 HTML 是固定的标记语言。与此相对，XML 是可扩展的标记语言。也许诸位会感到有些混乱，但是只要回顾之前的讲解，就应该能清楚地区分 HTML 和 XML 了。

11.3　XML 是元语言

XML 并没有限定标签的使用方式，使用什么样的标签都可以。可以说 XML 仅仅限定了进行标记时标签的书写格式（书写风格）。也就是说通过定义要使用的标签种类，就可以创造出一门新的标记语言。通常把这种用于创造语言的语言称作“元语言”。例如，我们可以使用 <dog> 和 <cat> 等标签，创造一种属于自己的标记语言——宠物语言。不过，就算新语言是自己创造的，也毕竟属于 XML 格式的标记语言，所以不遵循一定的规范是不行的。如果只是在文档中胡乱地堆积标签，则无法称之为符合 XML 格式的语言。表 11.1 中列出了作为元语言的 XML 中的约束。因为这些约束都很简单，所以请诸位先来粗略地浏览一下。

表 11.1 XML 中的主要约束

约束	示例
XML 文档的开头要写有 XML 声明，表明使用的 XML 版本和字符编码	<?xml version="1.0" encoding= "UTF-8"?>
信息要用形如“< 标签名 >”的开始标签和形如“</ 标签名 >”的结束标签括起来	<cat> 小玉 </cat>
标签名不能以数字开头，中间也不能含有空格	不能用 <5cat> 或 <my cat> 作标签名
由于半角空格、换行符、制表符（TAB）都会被视为空白字符，所以在文档中可以任意地换行或缩进书写	（请参考图 11.4）
对于没有内容的元素，不但可以写成“< 标签名 ></ 标签名 >;”，还可以写成“< 标签名 />”	<cat></cat> 和 <cat/> 是等价的
标签名区分大小写	<cat>、<CAT> 和 <Cat> 互不相同
标签中可以再嵌套标签以表示层级结构，但不能交叉嵌套	<pet><cat> 小 玉 </cat></pet> 正确，<cat><pet> 小玉 </cat></pet> 错误
在 XML 声明的后面，必须有且只有一个“根元素”，该标签包含了所有其他的标签	<pet>……其他的标签……</pet>
在开始标签中，可以以“属性名 =" 属性值 "”的形式，加入任意的属性	<cat type=" 三色猫 "> 小玉 </cat>
如果要在内容中使用“<”“>”“&”“"”和“'”这 5 个特殊符号，要把它们写成“<”“>”“&”“"”和“'”	<cat> 小玉 & 小老虎 </cat>
只要用“<![CDATA[”和“]]>”把内容括起来，就可以在里面直接使用“<”“>”“&”“"”和“'”这 5 个特殊符号了。这种写法适用于要书写大量特殊符号的场景	<cat><![CDATA[小 玉 & 小 老 虎 & 咪咪 & 小哆啦]]></cat>
注释的写法是用“<!--”和“-->”把注释的内容括起来	<!-- 这是注释 -->

XML 的数据是纯文本格式的，也就是说只包含字符。通常把遵循了 XML 的约束编写出的文档称为“XML 文档”；把保存着 XML 文档的文件称为“XML 文件”。可以使用记事本等文本编辑器编写 XML 文件。

图 11.4 展示了一个用描述宠物的标记语言编写的 XML 文件示例。其中使用了 3 种标签：<pet>、<cat> 和 <dog>。虽然标签的名字是由笔者自己决定的，但是在标签排列和 XML 声明等方面遵循了 XML 的约束，所以是一个良好的 XML 文件。

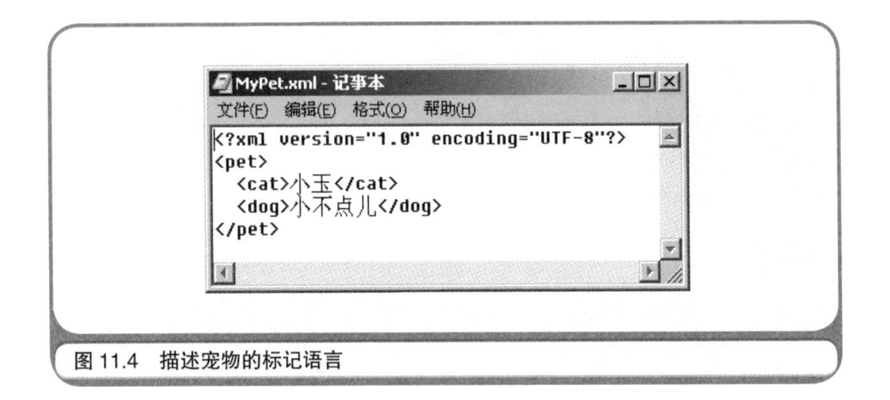

图 11.4 描述宠物的标记语言

我们把图 11.4 所示的文件命名为 MyPet.xml 并保存，然后再用 Web 浏览器打开该文件看看。当然，由于它不是 HTML 文件，所以不会显示成网页。但是现在的 Web 浏览器都集成了 XML 解析器，可以用这个功能来检查 XML 文件的书写格式。如果用 Internet Explorer Web 浏览器打开 MyPet.xml，就可以看到为了便于理解，里面的关键词、标签以及其他信息都用不同的颜色区分了出来。虽然图 11.5 是黑白的，但实际在屏幕上最开始的 1 行是蓝色的。在 <pet> 等标签中，表示标签开始和结束的符号 “<” “</” 和 “>” 也都是蓝色的，而 pet 和 cat 等标签的名字是褐色的。用标签括起来 “小玉” 和 “小不点儿” 则是黑色的。

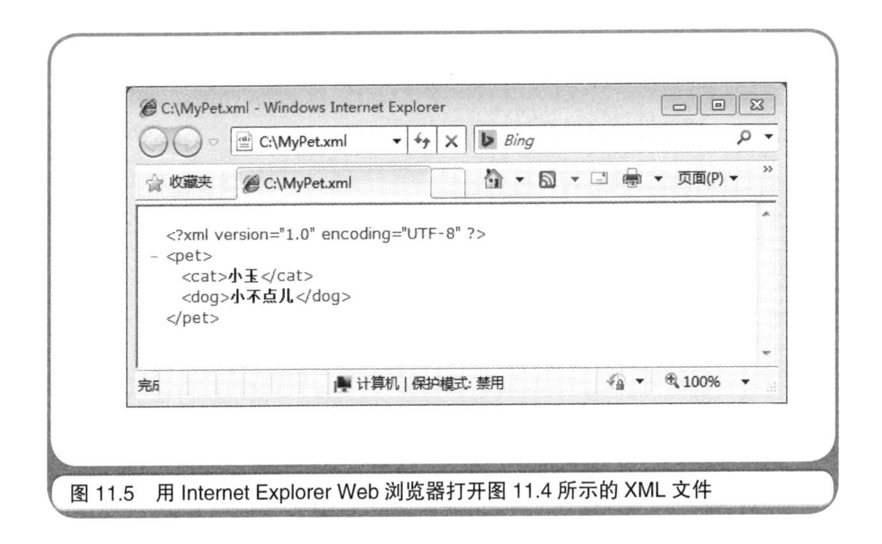

图 11.5 用 Internet Explorer Web 浏览器打开图 11.4 所示的 XML 文件

通常把遵循 XML 约束、正确标记了的文档称作“格式良好的 XML 文档”（Well-formed XML Document）。换言之，只要能通过 XML 解析器的解析，就是格式良好的 XML 文档。下面我们做一个实验，将 MyPet.xml 中的 </cat> 删除，保存后用 Web 浏览器再次加载该文件。因为 XML 约束中规定，标签必须以 < 标签名 >、</ 标签名 > 的形式成对儿出现，所以如果删除了 </cat> 而只留下 <cat> 的话，就不再是格式良好的 XML 文档了。这导致 XML 解析器不能正确解析，在 Web 浏览器上自然也就无法正确显示了（如图 11.6 所示）。诸位在自己手动创建 XML 文档的时候，也可以利用 Web 浏览器带有的 XML 解析器，检查 XML 文档的格式是否正确。

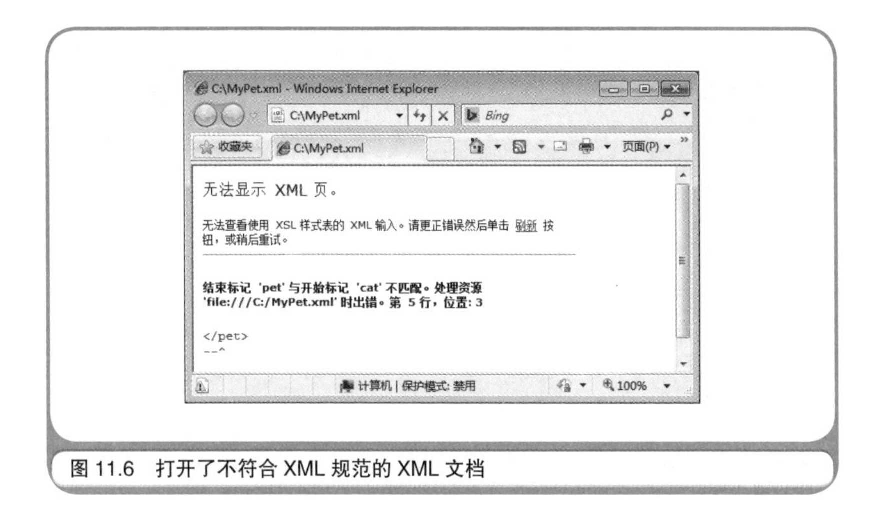

图 11.6　打开了不符合 XML 规范的 XML 文档

11.4　XML 可以为信息赋予意义

现在，诸位已经充分理解为什么说 XML 是可扩展的标记语言了吧？但是随之又产生出了一个新的疑问——XML 到底有什么用呢？要想了解 XML 的用途，就要先了解 XML 的诞生过程。

众所周知，网页的出现使互联网得到了普及。网页是指使用 HTML 规定好的标签，将字符串和图片显示在 Web 浏览器上的页面。毫无疑问的是浏览网页的是计算机的用户，也就是人。例如一个购物网站，浏览网站中页面的是人，确认商品价格的是人，最后下单订购商品的还是人。

既然是用计算机来购物又学会编程了，就会想编写这样一个程序让购物变得更轻松：能够自动检查多个购物网站上的商品价格，然后自动在报价最低的网站上下单。但是如果网站只提供了 HTML，那么这个程序几乎不可能完成。因为 HTML 中规定的各种标签只能用来指定信息的呈现样式，而不能表示信息的含义。

请看图 11.7 所示的 HTML 文件。如果把这个 HTML 文件显示在 Web 浏览器上（如图 11.8 所示），那么对人来说，商品编号、商品名称和价格是可以区分出来的。例如，虽然 1234 和 19800 都是数字，但是人们还是知道 1234 是商品编号，而 19800 是价格。但是，在 HTML 的标签中，并没有可以区分商品编号、商品名称和价格的标签。<table>、<tr> 和 <td> 只表示会以表格的形式呈现信息。作为程序要处理的数据格式，从图 11.7 所示的 HTML 文件中提取出商品编号、商品名称和价格的过程将非常繁琐。那么像下面这样做如何呢？首先定义出 <productId>、<productName>、<price> 等标签，然后用它们表示商品编号、商品名称、价格等信息。程序加载了带有这些标签的文件后，就能够轻松地识别出商品编号、商品名称和价格了，因为信息的含义已经用这些标签标记出来了。

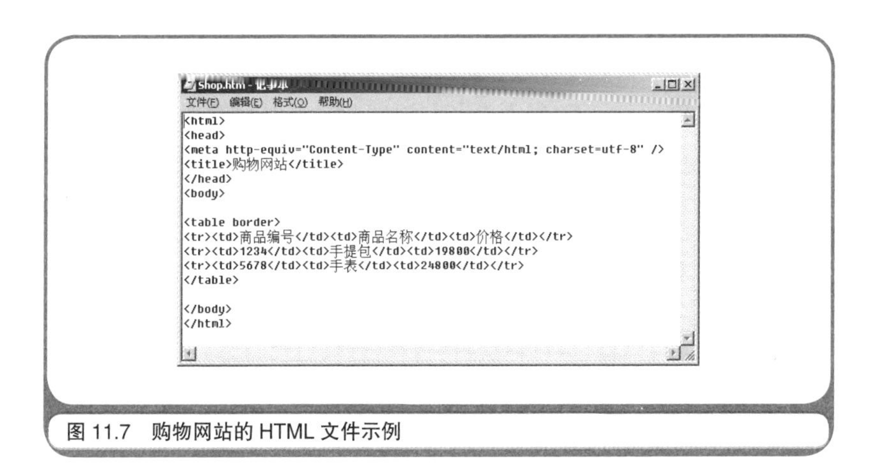


```
<html>
<head>
<meta http-equiv="Content-Type" content="text/html; charset=utf-8" />
<title>购物网站</title>
</head>
<body>

<table border>
<tr><td>商品编号</td><td>商品名称</td><td>价格</td></tr>
<tr><td>1234</td><td>手提包</td><td>19800</td></tr>
<tr><td>5678</td><td>手表</td><td>24800</td></tr>
</table>

</body>
</html>
```

图 11.7 购物网站的 HTML 文件示例

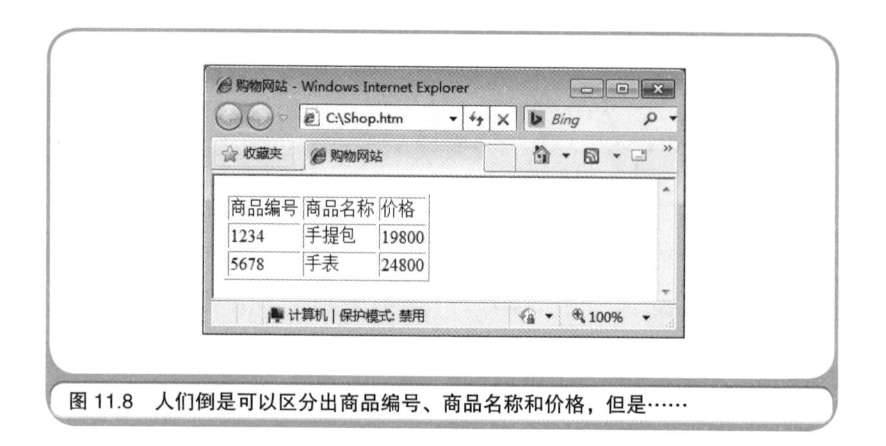

图 11.8 人们倒是可以区分出商品编号、商品名称和价格，但是……

在商业领域中存在着不计其数的信息，蕴涵着各种各样的意义。行业不同，信息的类型也就不同。并且随着时代的发展，新兴行业还在不断地涌现。如果要适用于所有行业，那么就算 HTML 的标签再多也还是不够用。于是就发明出了 XML 这种元语言，而 HTML 的用途就仅限于信息的可视化了，自始至终都用于展现网页。这也就是要告诉大家：今后请使用更加灵活的 XML 为各个行业、各个特殊用途创建标记语言。也就是说，XML 的主要用途是为在互联网上交换的信息赋予意义（如图 11.9 所示）。当然，在互联网以外的场景也可以使用 XML。只不过在 XML 诞生的过程中互联网一直伴随其左右。

在互联网的世界中，有一个叫作 W3C（World Wide Web Consortium，万维网联盟）的机构。该机构以“W3C 推荐标准”的形式制定了一系列标准。XML 于 1996 年成为了 W3C 的推荐标准（XML 1.0）。这之后，人们使用 XML 这种元语言，又定义出了新的网页标记语言 XHTML（Extensible Hypertext Markup Language，可扩展超文本标记语言），该语言也于 2000 年成为了 W3C 推荐标准。早晚有一天，

XHTML 会取代现行的 HTML（HTML 4.0），成为编写网页的主流标记语言[①]。

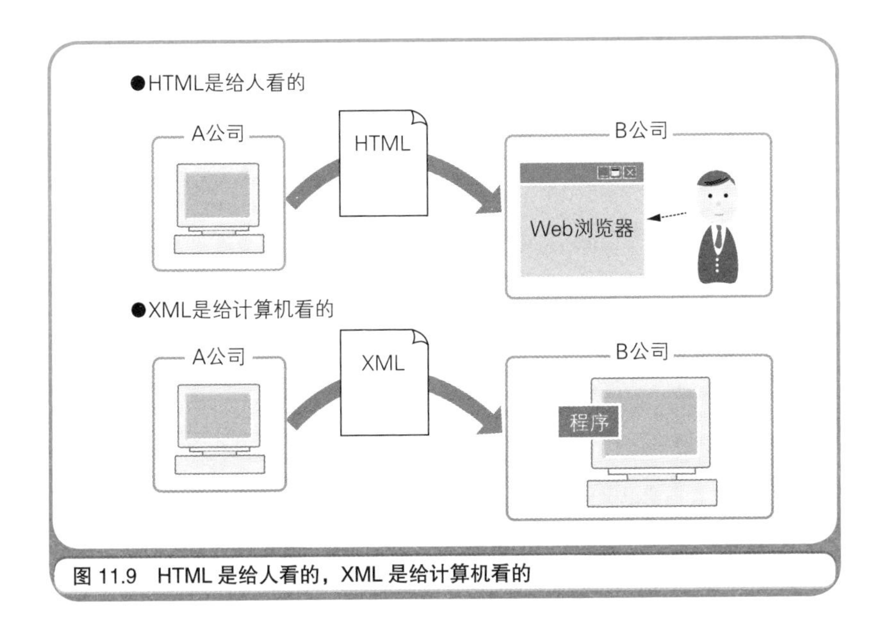

图 11.9 HTML 是给人看的，XML 是给计算机看的

11.5 XML 是通用的数据交换格式

W3C 的推荐标准是不依赖于特定厂商的通用规范。因此可以认为成为 W3C 推荐标准的 XML 是一种通用的数据交换格式。也就是说，如果某家厂商的某个应用程序把数据保存到了 XML 文件中，那么其他厂商的另一个应用程序就应该可以通过加载这个 XML 文件来使用数据。除此之外，XML 也可以在同一个厂商的不同应用程序之间交换数据。

XML 并不是第一个跨越了厂商或应用程序差异的通用数据交换格

① 原书于 2003 年出版，那时还没有 HTML5。——译者注

式。在计算机行业，长久以来一直把 CSV（Comma Separated Value，逗号分隔值）作为通用数据交换格式沿用至今。下面就试着对比一下 XML 和 CSV 吧。

与 XML 一样，CSV 也是仅由字符构成的纯文本文件。一般情况下，CSV 文件的扩展名为 .csv。正如其名，在 CSV 文件中，记录的是经过 “,”（半角逗号）分割后的信息。例如，上一节提到的购物网站中的商品信息如果用 CSV 表示的话，就如图 11.10 所示。其中，字符串要用 “"”（半角双引号）括起来，而数字则直接书写。每一件商品的记录（有一定意义的信息的集合）占一行。

图 11.10 购物网站的 CSV 文件

在 CSV 中，只记录了信息本身，而并没有为各个信息赋予意义。可以说在这一点上，还是 XML 更胜一筹。既然这样的话，是不是说今后 CSV 将被淘汰，只剩下 XML 还在使用呢？答案是否定的。CSV 和 XML 都会继续存在下去，因为它们各有千秋。不仅是计算机行业，其他行业亦是如此，如果有多个方法可以达到相同的目的，那么这些方法就自然会各有优劣。

请浏览一下图 11.11 所示的 XML 文件，里面使用了 <shop>、<product>、<productId>、<productName> 和 <price> 标签来描述购物网

站中所需的信息。对比刚才的 CSV 文件，诸位有什么发现吗？只是瞥一眼，就能够看出来在 XML 文件中，因为标签为信息赋予了意义，所以分析起来更方便。但是，另一方面，文件的尺寸也变大了。刚才的 CSV 文件的大小不过 50 字节，而这个 XML 文件的大小是 280 字节，竟比 CSV 文件的 5 倍还多。文件尺寸增大，就意味着会占用更多的存储空间、需要更长的传输及处理时间。

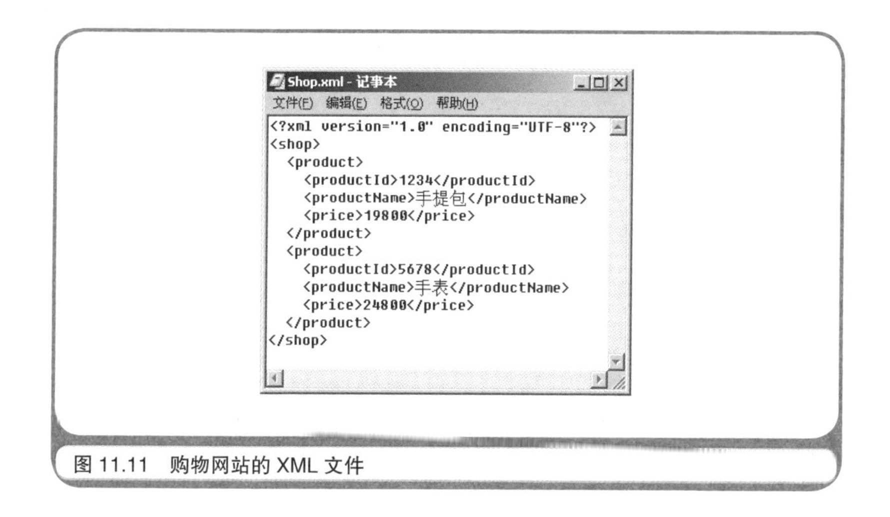

图 11.11　购物网站的 XML 文件

另外在诸位平时所使用的应用程序中，不仅可以把文件保存成私有的数据格式，还可以把文件保存成通用的数据格式。以 Microsoft Excel 为例，在旧版本的 Microsoft Excel 2000 中，采用了 CSV 作为通用的数据格式。而在写作本书时发行的最新版本 Microsoft Excel 2002 中，就采用了 CSV 和 XML 两种格式（如图 11.12 所示）。这也算是一个今后还会继续同时使用 CSV 和 XML 的证据吧。

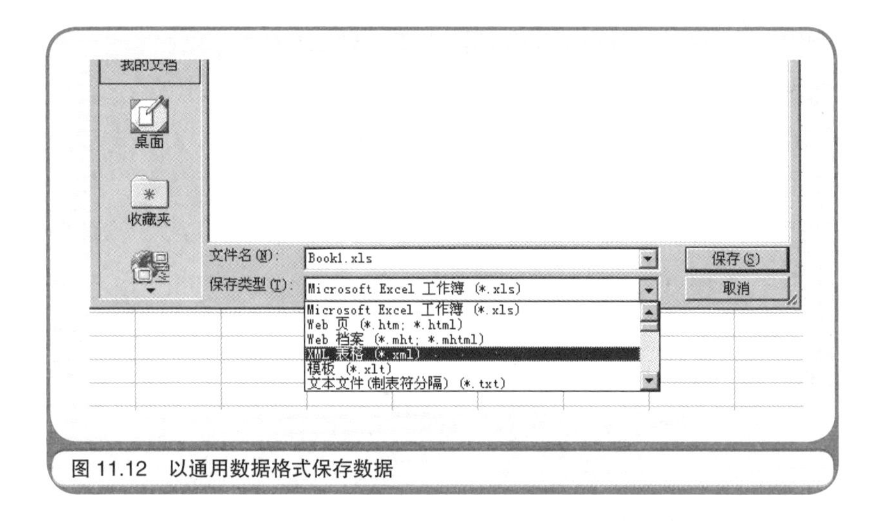

图 11.12　以通用数据格式保存数据

11.6　可以为 XML 标签设定命名空间

XML 文档并非互联网专用，但是 XML 确实是一种主要通过互联网在全世界的计算机之间交换数据时使用的数据格式。这样的话就有可能遇到一个问题：虽然标签的名字相同，但是标记语言的创造者们却为它们赋予了各种不同的含义。例如 <cat> 这个标签，有人用它来表示猫（CAT），也有人会用它来表示连接（conCATenate）（如图 11.13 所示）[①]。

① cat 除了表示猫，还是一个 Unix 命令的名称，该命令用于将多个文件连接在一起。在计算机行业，应该也有不少人更倾向于由 cat 这个词联想到连接，而不是猫。

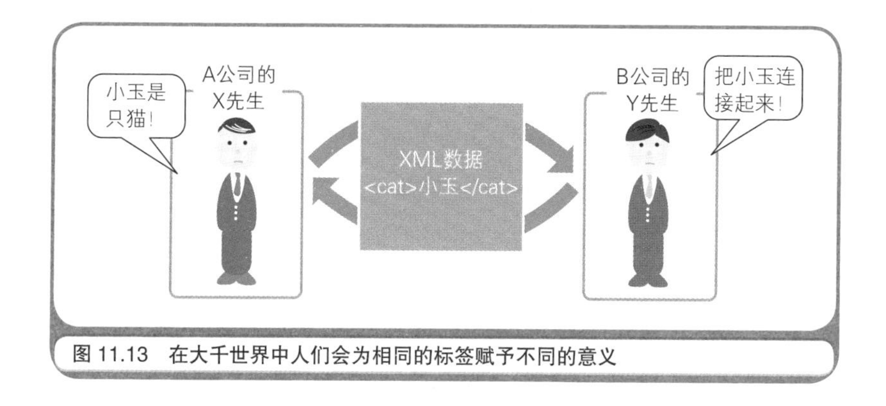

图 11.13 在大千世界中人们会为相同的标签赋予不同的意义

于是就诞生了一个 W3C 推荐标准——XML 命名空间（Namespace in XML），旨在防止这种同形异义带来的混乱。所谓命名空间，通常是一个能代表企业或个人的字符串，用于修饰限定标签的名字。在 XML 文档中，通过把“xmlns=" 命名空间的名字 "”作为标签的一个属性记述，就可以为标签设定命名空间。xmlns 即 XML NameSpace（命名空间）的缩写。通常用全世界唯一的标识符作为命名空间的名称。说到互联网世界中的唯一标识符，公司的 URI 就再好不过了吧。例如，在 XML 文件中，GrapeCity 公司的矢泽创建的标签 <cat> 就可以写成如下这种格式。

```
<cat xmlns="http://www.grapecity.com/yazawa">小玉</cat>
```

这样的话，就可以与使用了其他命名空间的 <cat> 标签相区分了。

在本例中，作为 <cat> 标签的命名空间设置的 http://www.grapecity.com/yazawa，仅作为一个全世界唯一的标识符来使用。就算把这个 URI 输入到 Web 浏览器的地址栏中，也并不会显示出相应的网页[①]。

① 如果试着在浏览器中访问这个 URI，实际上会跳转到这个页面：https://www.grapecity.co.jp/404.htm。——译者注

11.7 可以严格地定义 XML 的文档结构

除了之前讲解过的“格式良好的 XML 文档”，还有一个词叫作“有效的 XML 文档”（Valid XML document）。所谓有效的 XML 文档是指在 XML 文档中写有 DTD（Document Type Definition，文档类型描述）信息。前面笔者没有说明，其实完整的 XML 文档包括 XML 声明、XML 实例和 DTD 三个部分。所谓 XML 声明，就是写在 XML 文档开头的、形如 <?xml version="1.0" encoding="Shift_JIS"?> 的部分。XML 实例是文档中通过标签被标记的部分。而 DTD 的作用是定义 XML 实例的结构。虽然也可以省略 DTD，但是通过 DTD 可以严格地检查 XML 实例的内容是否有效。

图 11.14 展示了一个写有 DTD 的 XML 文档。请把它想成是一个描述公司名称、地址和员工数量的 XML 文档。用“<!DOCTYPE”和“]>”括起来的部分就是 DTD。DTD 定义了在 <mydata> 标签中至少有一个 <company> 标签；在 <company> 标签中必须包含 <name>、<address> 和 <employee> 标签。只要定义了这样的 DTD，当遇到那些虽然记录了公司名称和地址，但还没有记录员工数量的数据时，就可以判断出这不是一个有效的 XML 实例。

与 DTD 相同，还有一个名为 XML Schema 的技术也可用于定义 XML 实例的结构。在 XML 中，DTD 借用了可称得上是标记语言始祖的 SGML（Standard Generalized Markup Language，标准通用标记语言）语言的语法。而 XML Schema 是为了 XML 新近研发的技术，因此它可以对 XML 文档执行更严格地检查，例如检查数据类型或数字位数等。DTD 是 1996 年发布的 W3C 推荐标准，而 XML Schema 发布于 2001 年。今后将成为主流的是崭新的 XML Schema，而不是古老的 DTD。

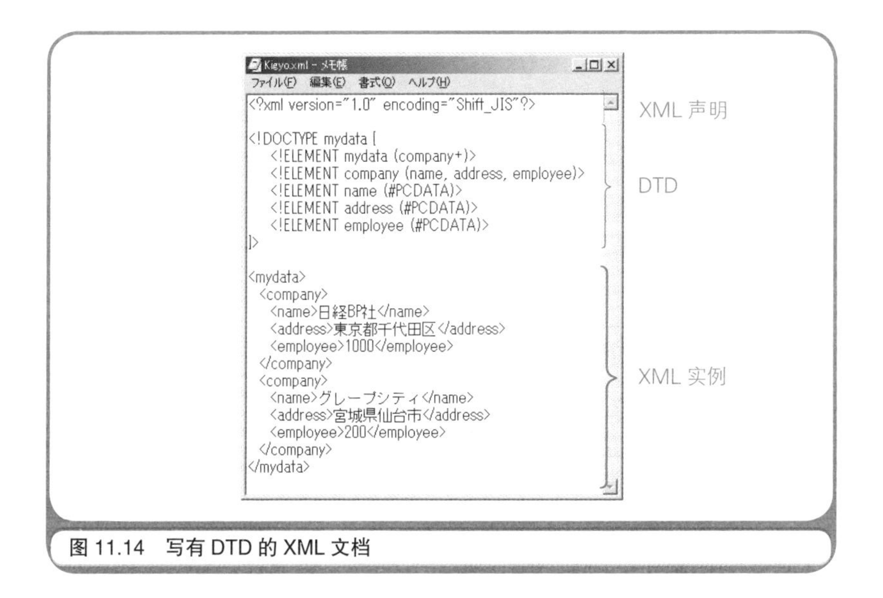

图 11.14　写有 DTD 的 XML 文档

11.8　用于解析 XML 的组件

前面介绍过，如果用 XML 文档记录信息，计算机就可以自动地进行处理。那么，编写处理 XML 文档的程序时应该怎么做呢?

也许会有人想：因为 XML 文档是纯文本文件，所以无论是用 BASIC 还是 C 语言，只要用某种编程语言编写一个能够读写文件的程序就可以了……这当然没有错！但是，如果要亲手从零开始编写这样的程序，就太麻烦了。像是切分标签之类的处理，即便 XML 文档的内容不同，其步骤也大致相同。要是有谁能提供现成的这部分处理的代码就好了——这样想的人应该不止笔者一个吧。

的确存在着用于处理 XML 文档的程序组件。比如已成为 W3C 标准的 DOM（Document Object Model，文档对象模型）以及由 XML-dev 社区开发的 SAX（Simple API for XML）。其实无论是 DOM 还是 SAX，都只是组件的规范，实际的组件是由某个厂商或社区提供的。

如果使用的是 Windows，那么就应该已经安装了一个由微软提供的、遵循了 DOM 规范的组件（一个名为 msxml3.dll 的 DLL 文件）。下面我们就使用 VBScript 编程语言，试着编写一个实验程序吧。用记事本编写出如代码清单 11.1 所示的程序，保存到名为 TestProg.vbs 的文件中，这个文件要和之前所编写的 MyPet.xml 放置在同一个文件夹中。双击 TestProg.vbs 的图标即可运行该程序（如图 11.15 所示）。这个程序的功能是读取 MyPet.xml 文件的内容，显示出每种宠物的名字。诸位没有必要去详细了解这个程序的逻辑，知道有简单的方法可以处理 XML 文档就足够了。

代码清单 11.1　使用了 DOM 的程序

```
Set obj = CreateObject("Microsoft.XMLDOM")
obj.async = False
obj.Load "MyPet.xml"
s = ""
For i = 1 To obj.documentElement.childNodes.length
    s = s & obj.documentElement.childNodes.Item(i - 1).nodeName
    s = s & "..."
    s = s & obj.documentElement.childNodes.Item(i - 1).Text
    s = s & vbCrLf
Next
MsgBox s
```

图 11.15　代码清单 11.1 的执行结果

11.9 XML 可用于各种各样的领域

通过使用 XML，诞生了各种各样的标记语言（如表 11.2 所示）。以往的软件厂商在存储数学算式、多媒体数据等数据时，使用的都是自家应用程序的私有格式。然而在未来，作为世界标准的 XML 格式的标记语言将成为主流。即使是现在，也已经涌现出了一批成为 W3C 建议标准的标记语言。

表 11.2 用 XML 定义的标记语言示例

名称	用途	有关的企业或组织
XSL	为 XML 中的信息提供显示格式	W3C
MathML	描述数学算式	W3C
SMIL	把多媒体数据嵌入到网页中	W3C
MML	描述电子病历	电子病历研究会
SVG	用向量表示图形数据	W3C
JepaX	表示电子书	日本电子出版协会等
WML	表示移动终端上的内容	WAP Forum
CHTML	表示手机上的内容	Acces 等 6 家公司
XHTML	用 XML 定义 HTML4.0	W3C
SOAP	实现分布式计算	W3C

为了实现各自的目的，每一种标记语言中都定义了各种各样的标签。例如，在描述数学算式的 MathML（Mathematical Markup Language，数学标记语言）中，就定义了表示根号、乘方或分数等数学元素的标签。

$$aX^2 + bX + c = 0$$

比如上面的这个方程，如果用 MathML 描述的话，结果就会如图 11.16 所示。

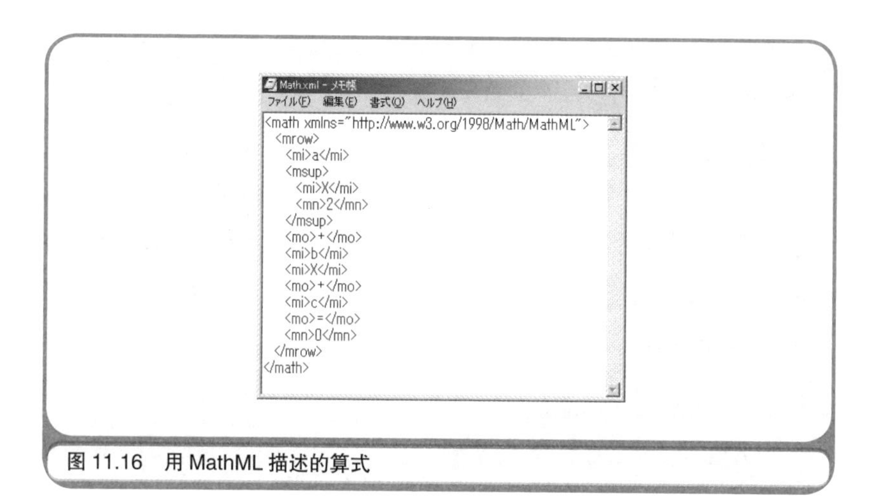

图 11.16 用 MathML 描述的算式

SOAP（Simple Object Access Protocol，简单对象访问协议）可用于分布式计算。所谓分布式计算，就是把程序分散部署在用网络连接起来的多台计算机上，使这些计算机相互协作，充分发挥计算机整体的计算能力。简单地说，SOAP 就是使运行在 A 公司计算机中的 A 程序，可以调用运行在 B 公司计算机中的 B 程序。

SOAP 的出现使过去的分布式计算技术变得更容易使用，也更通用。无论是调用程序时所需的参数信息，还是程序执行后的返回结果，都可以用通用的数据格式 XML 表示（如图 11.17 所示）。另一方面，SOAP 收发数据时所使用的传输协议并不固定，凡是能够收发 XML 数据的协议均可使用。一般情况下使用的是 HTTP 或 SMTP 协议。可以说 SOAP 的诞生使得人们可以更加轻松地构建分布式计算环境了。

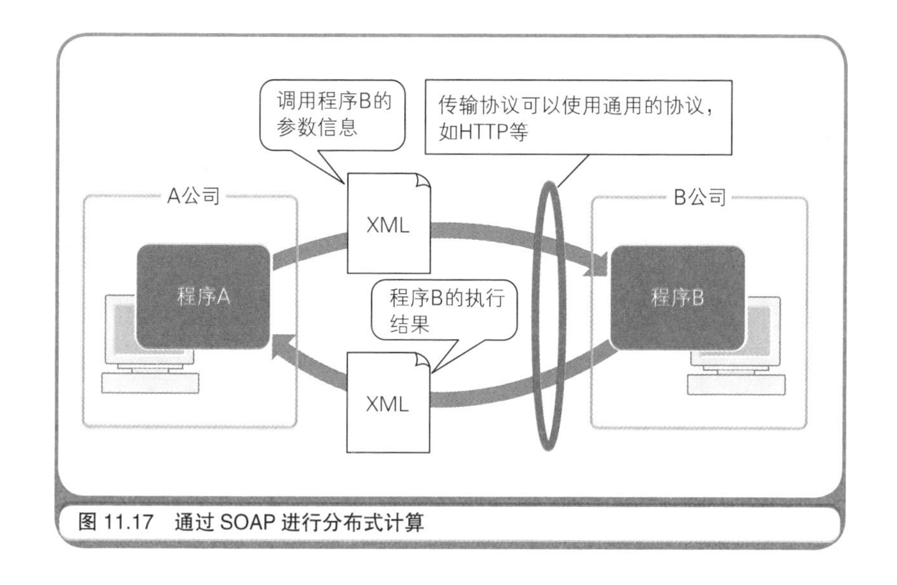

图 11.17 通过 SOAP 进行分布式计算

☆ ☆ ☆

XML 受到了众人的瞩目，在各种各样的场景中都可以见到它的身影，这已经是不折不扣的事实了，而且还会继续诞生新的 XML 的使用方法。但是请不要认为这等同于"今后所有的数据都应该是 XML 格式的"。因为 XML 只有在充当通用数据格式时才有价值。也就是说，只有在像互联网那样的环境中，运行在不同机器中的不同应用程序相互联结，XML 才会大有作为。只有一台独立的计算机，或者只在一家公司内部的话，使用 XML 格式存储数据反而体现不出优势，仅仅是文件的尺寸变大从而浪费存储空间罢了。

同样地，在分布式计算中，如果是由不同种类的机器互联组成的系统，那么使用基于 XML 的 SOAP 才是有意义的。反之如果环境中的机器和应用程序全部来自同一厂商，那么使用厂商自己定制的格式而并非基于 XML 的格式，反而可以更加快捷地处理信息。XML 是通用的，但它不是万能的。笔者会把 XML 中的 X 看作是 eXchangable（可交换的）而并非是 eXtensible（可扩展的），诸位赞同这种看法吗？

下一章是本书的最后一章，笔者将讲解由各种技术组合而成的计算机系统。敬请期待！

第12章 SE负责监管计算机系统的构建

热身问答

在阅读本章内容前，让我们先回答下面的几个问题来热热身吧。

初级问题

SE是什么的缩略语？

中级问题

IT是什么的缩略语？

高级问题

请列举一个软件开发过程的模型。

怎么样？被这么一问，是不是发现有一些问题无法简单地解释清楚呢？下面，笔者就公布答案并解释。

初级问题：SE 是 System Engineer（系统工程师）的缩略语。

中级问题：IT 是 Information Technology（信息技术）的缩略语。

高级问题：软件开发过程的模型有“瀑布模型”“原型模型”“螺旋模型”等。

解释

初级问题：在计算机系统的开发过程中，SE 是参与所有开发阶段的工程师。

中级问题：一提到 IT，通常就意味着充分地运用计算机解决问题，但 Information Technology（信息技术）这个词中并没有包含表示计算机含义的词语。

高级问题：本章将会详细地介绍应用瀑布模型的开发过程。

本章重点

从第 1 章到第 11 章，讲解的都是各种各样的计算机技术。在作为本书最后一章的第 12 章，请允许笔者再介绍一下将这些技术组合起来构建而成的计算机系统，以及负责构建计算机系统的 SE（System Engineer，系统工程师）。本章不仅有技术方面的内容，更会涉及商业方面的内容。对于商业而言，没有什么可称得上是绝对正确的见解，因此本章的叙述中也多少会含有笔者的主观想法，这一点还望诸位谅解。

“将来的目标是音乐家！”——正如以前新出道的偶像歌手都会有这句口头禅一样，过去新入行的工程师也有一句口头禅，那就是“将来的目标是 SE！”在那时 SE 给人的印象是计算机工程师的最高峰。可是最近，想成为 SE 的人似乎并没有那么多了。不善于与客户交谈，感到项目管理之类的工作很麻烦，觉得穿着牛仔裤默默地面对计算机才更加舒坦等原因似乎都是不想成为 SE 的理由。SE 果真是那么不好的工作吗？其实不然，SE 是有趣的、值得去做的工作。下面就介绍一下身为 SE 所需要掌握的技能以及 SE 的工作内容吧。

12.1 SE 是自始至终参与系统开发过程的工程师

所谓的 SE 到底是负责什么工作的人呢?《日经计算机术语辞典 2002》（日经 BP 出版社）中对 SE 做出了如下的解释。

> SE 指的是在进行业务的信息化时，负责调查、分析业务内容，确定计算机系统的基础设计及其详细规格的技术人员。同时 SE 也负责系统开发的项目管理和软件的开发管理、维护管理工作。由于主要的工作是基础设计，所以不同于编写程

序的程序员，SE 需要具备从硬件结构、软件的构建方法乃至横跨整个业务的广泛知识以及项目管理的经验。

简单地说，SE 就是自始至终参与系统开发过程的工程师，而不是只负责编程的程序员。所谓系统，就是“由多个要素相互发生关联，结合而成的带有一定功能的整体”。将各种各样的硬件和软件组合起来构建而成的系统就是计算机系统。

至今为止，有些业务依然是靠手工作业进行的，引进计算机系统就是为了提高这类业务的效率。SE 在调查、分析完手工作业的业务内容后，会进行把业务迁移到计算机系统的基本设计，并确定详细的规格。SE 负责的工作是项目管理和软件开发管理，以及引进计算机系统后的维护，而制作软件（编程）的工作则交由程序员完成。

也就是说，SE 是从构建计算机系统的最初阶段（调查分析）开始，一直到最后的阶段（维护管理）都会参与其中的工程师。比起只参与编写程序这一工作的程序员，SE 所参与的工作范围更加广泛。为此，SE 就必须掌握从硬件到软件再到项目管理的多种多样的技能。

表 12.1 SE 所需的技能和程序员所需的技能

职业	工作内容	所需技能
SE	调查、分析客户的业务内容 计算机系统的基本设计 确定计算机系统的规格 估算开发费用和开发周期 项目管理 软件开发管理 计算机系统的维护管理	倾听需求 书写策划案 硬件 软件 网络 数据库 管理能力
程序员	制作软件（编程）	编程语言 算法和数据结构 关于开发工具和程序组件的知识

12.2 SE 未必担任过程序员

正如其名，SE 虽然也是工程师，但他们并不同于孜孜不倦地处理具体工作的专业技术人员。可以说 SE 是一种更接近“管理者”的职业，负责管理技术人员。若以建设房屋为例，程序员就相当于木匠，而 SE 则相当于木匠师傅或是现场监理。但是请不要误解，SE 未必比程序员的职务高。从职业规划上来说，也不是所有的程序员将来都会成为 SE。

确实有人是从程序员的岗位转到了 SE，二十几岁时是程序员，三十几岁时当上了 SE。但是也有人是从 SE 的新手成长为 SE 的老手，二十几岁时担任小型计算机系统的 SE，三十几岁时担任大型计算机系统的 SE。说到底 SE 和程序员是两个完全不同的职业。在企业中，若说 SE 部门有一条从负责人到科长再到部长的职业发展路线，那么程序员部门自然也会有一条与之相应的从负责人到科长再到部长的职业发展路线。

但是在现在的日本，几乎已经找不到还在制作 OS（Operating System，操作系统）或 DBMS（Database Management System，数据库管理系统）这类大型程序的企业了，所以企业中程序员部门的规模通常都不大，多数情况下是隶属于 SE 部门或其他管理部门的，甚至有时企业还会把整个编码工作委托给外包公司。因此，很少有人能够以程序员的身份升迁到部长的职位，从而造成了程序员成为 SE 的下属这样的现状。

12.3 系统开发过程的规范

上一节我们提到 SE 是从最初的阶段直至最后的阶段，自始至终都参与构建计算机系统的工程师。而本节将要讲解的是计算机系统是由怎样的开发过程构建而成的。无论任何事都需要规范，即便未能按其实践，规范的存在也算是一种参考。这里介绍的有关计算机系统开发过程的规范叫作“瀑布模型”。如图 12.1 所示，在瀑布模型中要进行 7 个阶段的开发。虽然实际开发中可能未必如此，但规范毕竟是规范。

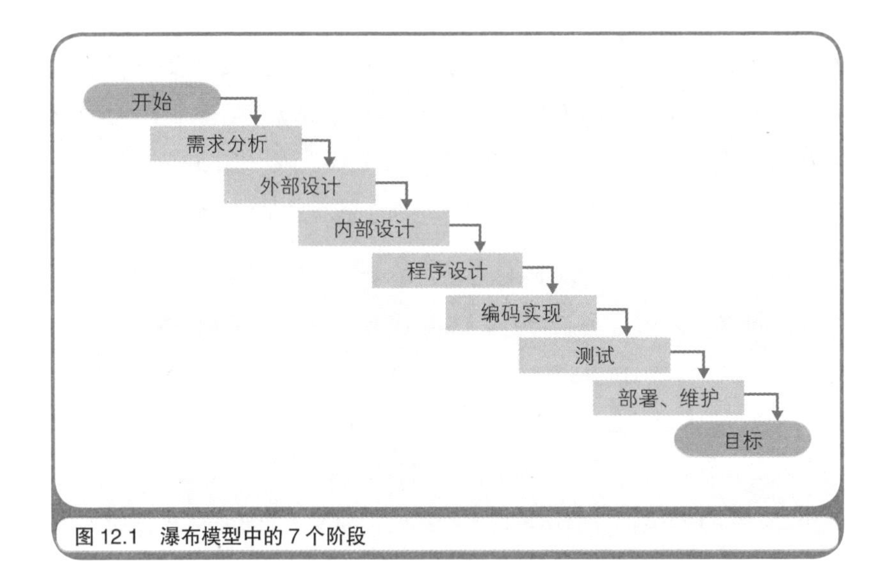

图 12.1 瀑布模型中的 7 个阶段

在瀑布模型中，每完成一个阶段，都要书写文档（报告）并进行审核。进行审核时还需要召开会议，在会上由 SE 为开发团队的成员、上司以及客户讲解文档的内容。若审核通过了，就可以从上司或客户那里得到批准，继续进入后续的开发阶段。若审核没有通过，则不能进入后续的阶段。一旦进入了后续的阶段，就不能回退到之前的阶段。为了避免回退到上一阶段，一是要力求完美地完成每一个阶段的工作，二是要彻底地执行审核过程，这些就是瀑布模型的特征。这种开发过程之所以被称为“瀑布模型”，是因为开发流程宛如瀑布，一级一级地自上而下流动，永不后退。如图 12.2 所示，开发过程就好像是开发团队乘着小船，一边克服着一个又一个的瀑布（通过审核），一边从上流顺流而下漂向下游。而坐在船头的人当然就是 SE 了。

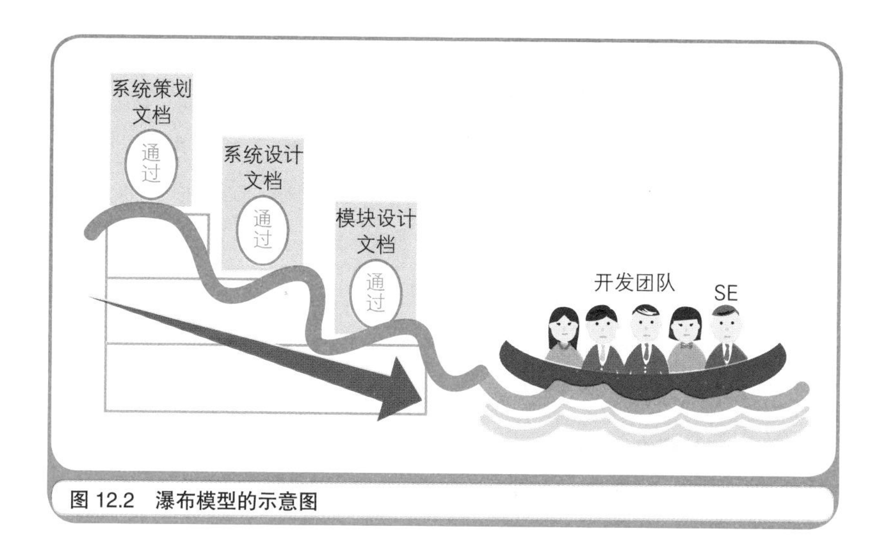

图 12.2 瀑布模型的示意图

12.4 各个阶段的工作内容及文档

下面介绍瀑布模型各个阶段的工作内容及所要书写的文档的种类（如表 12.2 所示）。

表 12.2 各个阶段所要书写的文档

阶段	文档
需求分析	系统策划文档、系统功能需求规格文档
外部设计	外部设计文档
内部设计	内部设计文档
程序设计	程序设计文档
编码实现	模块设计文档、测试计划文档
测试	测试报告
部署、维护	部署手册、维护手册

在“需求分析”阶段，SE 倾听将要使用计算机系统的客户的需求，调查、分析目前靠手工作业完成的业务内容。作为本阶段的成果，SE 要书写“系统策划文档”或是“系统功能需求规格文档”。

接下来是设计计算机系统，该过程可以分为3个阶段。虽然看起来有些啰嗦，但规范终归是规范。第一个阶段是“外部设计”，进行与从外部观察计算机系统相关的设计。设计内容包括系统处理的数据、显示在画面上的用户界面以及打印机打印的样式等。第二个阶段是“内部设计”，进行与从内部观察计算机系统相关的设计。内部设计的目的是将外部设计的内容具体化。在计算机行业中常会提及“外部”和“内部”，一般情况下，把从用户的角度看到的东西称为“外部”，把从开发者的角度看到的东西称为“内部”。也许这样说会更容易理解，外部设计设计的是用户看得到的部分，而内部设计设计的是开发者看得到（用户看不到）的部分。第三个阶段是“程序设计”，为了用程序将内部设计的内容实现出来而做出的更加详细的设计。作为以上3个设计阶段的结果，SE要分别书写“外部设计文档”“内部设计文档”和“程序设计文档”。

再接下来，就进入了“编码实现”阶段，要进行的工作是编写代码，由程序员根据程序设计文档的内容，把程序输入到计算机中。只要经过了充分的程序设计，编程就变成一项十分简单的工作了。因为所做的只是把程序设计书上的内容翻译成程序代码。作为本阶段的文档，SE要书写用于说明程序构造的“模块设计文档”和用于下一阶段的“测试计划文档”。这里所说的模块，就是拆解出来的构成程序的要素。

到了“测试”阶段，测试人员要根据测试计划文档的内容确认程序的功能。在最后编写的“测试报告”中，还必须定量地（用数字）标示出测试结果。如果只记录了一些含糊的测试结果，比如“已测试”或是“没问题”，那么就难以判断系统是否合格了。

在定量地标示测试结果的方法中，有“涂色检查”和“覆盖测试”等方法。“涂色检查”的做法是一个个地确认“系统功能需求规格文档”中的功能，如果该功能实现了，就用红笔把它涂红。“覆盖测试”则是一种表示有多少代码的行为已经经过确认的方法。“通过涂色检查，已确认了系统 95% 的功能。剩下的 5% 虽然有问题，但已经查明了原因，可以在 1 周内修正”“已完成了 99% 的覆盖测试。由于剩余的 1% 是不可达代码（Dead Code，绝不会被执行的代码），所以可以删除”。如果能像这样给出定量的测试结果，那么就很容易判定系统是否合格了吧。

如果测试合格了，就会进入“部署、维护”阶段。“部署”指的是将计算机系统引进（安装）到客户的环境中，让客户使用。“维护”指的是定期检查计算机系统是否能正常工作，根据需要进行文件备份或根据应用场景的变化对系统进行部分改造。只要客户还在使用该计算机系统，这个阶段就会一直持续下去。在这一阶段要书写的文档是“部署手册”和“维护手册”。

12.5 所谓设计，就是拆解

下面先请诸位回到图 12.1 所示的瀑布模型，从上游到下游再回顾一遍该模型中的各个开发阶段。从需求分析到程序设计，所进行的工作都是拆解业务，把将要为计算机系统所替代的手工业务拆解为细小的要素。从编码实现到部署、维护阶段，所进行的工作则是集成，把拆解后的细小要素转换成程序的模块，再把这些模块拼装在一起构成计算机系统。

庞大复杂的事物往往无法直接做出来。这个道理不仅适用于计算机系统，也同样适用于建筑物或是飞机。人们往往要把庞大复杂的事物先分解成细小简单的要素来进行设计。有了各个要素的设计图，整体的设计图也就出来了。先根据每个要素的设计图制成小零件（程序中的模块），待每个小零件的测试（单元测试）都通过了，剩下的就只是一边看着整体的设计图，一边把这些零件组装起来了。然后再来一轮测试（集成测试），测试组装起来的零件是否能正确地协作运转。大型的计算机系统就是这样构建出来的（如图 12.3 所示）。

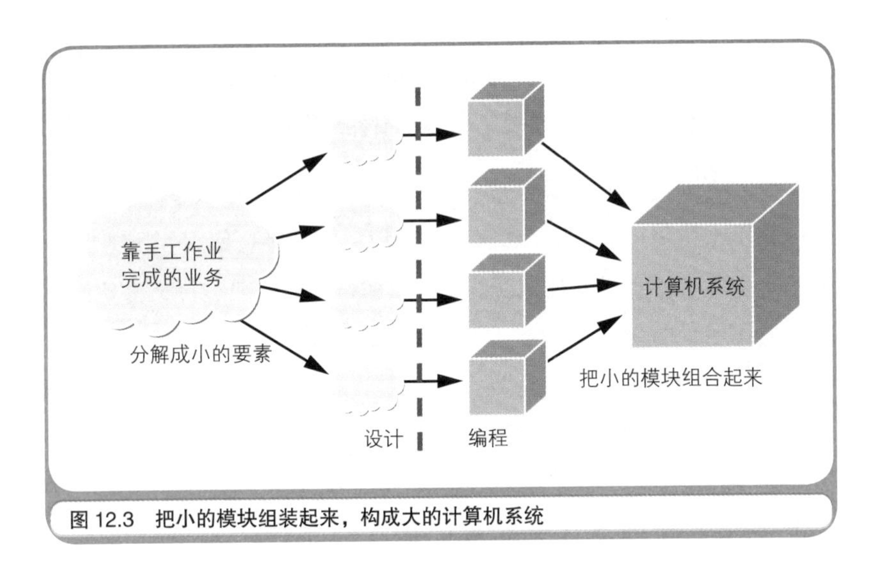

图 12.3　把小的模块组装起来，构成大的计算机系统

可以说，所谓计算机系统的设计，就是拆解。老一辈工程师们已经发明出了可作为规范的各种各样的设计方法，这些方法之间的差异只是拆解时的关注点不同。这里先把几个具有代表性的程序设计方法列在表 12.3 中。

表 12.3　具有代表性的程序设计方法

设计方法	拆解时所关注的事物
通用功能分割法	在整个计算机系统中通用的功能
STS 法	数据流（输入、变换、输出）
TR 法	事务（数据的处理单位）
Jackson 法	输入数据和输出数据
Warnier 法	输入数据
面向对象法	构成计算机系统的事物（对象）

STS: Source，Transform，Sink
TR: Transaction

下面，请诸位回忆一下在第 1 章讲解过的“计算机的三大原则”。

原则 1：计算机只能够做输入、运算、输出三种操作

原则 2：程序是指令和数据的集合

原则 3：计算机有自己的处理方法

可以看到，表 12.3 所示的各种设计方法，其关注点要么在输入、运算、输出、指令、数据这几个要素的某一个上，要么在某几个的组合上。引进计算机系统的目的是通过用计算机替代靠手工作业进行的业务，来提升工作效率。因此在设计时，要使手工作业的业务顺应计算机的处理方式来进行替换，这一点也值得注意。

12.6 面向对象法简化了系统维护工作

最近，称作“面向对象”的设计、编程方法备受瞩目。所谓“对象”（Object），就是把指令和数据归拢到具有一定意义的组中而形成的整体。在面向对象的方法中，设计者就是关注对象，即事物来拆解那些靠手工作业进行的业务的。可以说现实世界的业务其实就是事物的集合，而面向对象法的特征正是可以把这些事物直接搬到计算机中。

应用面向对象的方法设计出来的计算机系统既易于维护，又便于开发者改造其中的部分功能。诸位知道这是为什么吗？对于已进入了部署、维护阶段的系统而言，早则几个月、迟则几年，日后都免不了要进行或多或少的改造。这是由于现实世界的部分业务发生了变化，为了响应现实世界的变化，计算机系统的某些部分也必须随之改造，否则就不能支撑业务了。举例来说，消费税从 3% 提到了 5%，邮政编码的位数从 5 位增加到了 7 位等都是现实世界的变化。如果计算机系统是以消费税对象或邮政编码对象为单位拆解业务的，那么只需要改造这两个对象就万事大吉了（如图 12.4 所示）。甚至可以这样说，只有以易于维护为标准把业务拆解成对象的做法，才是具有专家风范的面向对象法。

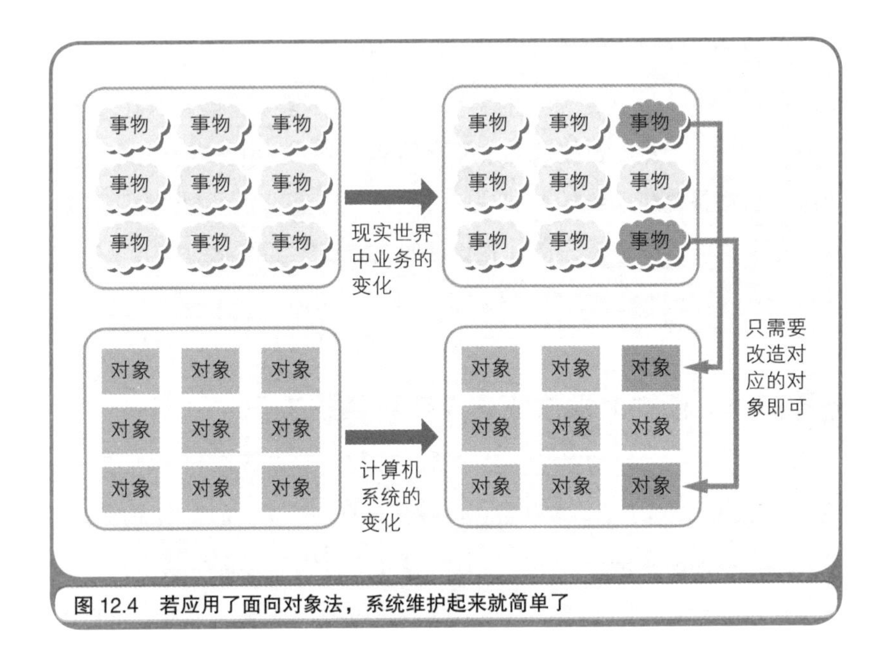

图 12.4 若应用了面向对象法，系统维护起来就简单了

12.7 技术能力和沟通能力

正如之前讲解的那样，SE 所要具备的能力是多种多样的。这些能力大体上可以分为两类——技术能力（Technical Skill）和沟通能力（Communication Skill）。所谓技术能力，是指灵活运用硬件、软件、网络、数据库等技术的能力。而所谓沟通能力，是指和他人交换信息的能力，而且这里要求的是双向的信息交换能力。一个方向是从客户到 SE，即 SE 倾听客户等的需求；另一个方向是从 SE 到客户，即 SE 向客户等人传达信息。SE 必须同时具备技术能力和沟通能力。为此，首

先就要牢牢地掌握这两种能力的基础知识，这点尤为重要。

所谓技术能力的基础知识，就是从第 1 章开始一路讲解过来的内容，这里不再赘述。而所谓沟通能力的基础知识到底指的是什么呢？能够规规矩矩地打招呼、能够用正确的中文书写文档、能够声音洪亮地讲话……当然这些都很重要。因此可以说作为一般社会成员所需的常识，就是沟通能力的基础知识。在此之上，身为 SE 的社会成员还必须具备这一身份所特有的常识，那就是“懂得什么是 IT”。对于社会成员来说，每个人都有自己的定位。而作为 SE 站在客户的面前，客户就会把 SE 看作是了解 IT 的人（如图 12.5 所示）。反过来，如果 SE 不了解 IT 会怎么样呢？若真是这样的话，沟通可就进行不下去了。

图 12.5　SE 的定位 = 懂 IT 的人

笔者经常在面向立志成为 SE 的新员工培训会上问这样一个问题：“你认为作为 SE，一上来应该向客户提什么问题？”多数的新员工都会回答：“您需要什么样的计算机系统？”这当然也没有错，但并不能算是最好的答案。因为客户最关心的是使用计算机解决眼前的问题，而并不是引进什么样的计算机系统。因此 SE 应该首先询问客户：“您遇到什么困难了吗?”倾听客户的难处，给出解决对策即IT解决方案，这才是SE的职责。

12.8 IT不等于引进计算机

IT是Information Technology（信息技术）的缩写，也许翻译成“充分运用信息的技术”会更加容易理解。虽然一提到信息化（IT化），社会上就会认为是引进计算机，一提到IT行业就会认为是计算机行业，但是作为SE，是不能把“信息化”和“引进计算机”混同起来的。要说这两者之间有联系，也只不过是碰巧计算机作为信息化的工具是很实用的。如果说得更加极端些，不使用计算机，信息化照样能进行。

举例来说，诸位手中都有几十到几百张从公司以外的人那里得到的名片吧？这些名片要怎样才能充分利用呢？“按照ABCDE的顺序分类整理，放入名片夹中，当想要打电话或寄信时，从中查找……”这样的做法就很信息化了！“为了区分中元节或年末要不要送礼，把名片按照供应商、经销商等分门别类……”这样就越来越信息化了！这里所说的“很信息化了”意思就是“正在充分地利用信息”若手工作业也能充分地利用信息，那么即便未使用计算机，也是了不起的信息化。“一直在名片上用手写的方式记下交易记录，这样做真麻烦……”要是遇到这种情况，才终于该轮到计算机出场了，用计算机来解决以往要靠手工作业解决的信息化问题（如图12.6所示）。

SE的工作是分析靠手工作业完成的业务，提出能够用计算机解决客户所面临问题的方法。如果靠手工作业完成的业务根本“无法用信息化的方法解决”，而客户又深信“只要引进了计算机，自然就可以用信息化的方法解决了”，那么应该怎么办呢？SE这时应该向客户说明，计算机并不是万能的机器，并不是什么都能解决。

图 12.6 为了解决手工作业中的信息化问题而引进计算机

12.9 计算机系统的成功与失败

在本章的开头就说过，SE 是份很有意思、很值得去做的工作。这样说是因为若计算机的引进带来了成功，那么巨大的成就感也会油然而生。享有这份成就感是能够和客户直接沟通的 SE 才有的特权。“做出来了！帮了大忙了！太感谢了！”“下回遇到了困难还找你！”像这样看到了客户的笑脸或获得了客户的信任的话，作为一名定位是 SE 的社会成员，此时定会由心底感到满足吧。为此，无论如何都要使计算机系统的引进获得成功。

成功的计算机系统是什么样的呢？那就是能完全满足客户需求的计算机系统。客户期待的是由计算机带来的 IT 解决方案，而并非计算机技术。能满足需求且稳定地工作，这样的计算机系统正是被客户所需要的。以此为标准，计算机系统是成功还是失败就很容易判断了。若引进的计算机系统能真正为客户所用，就是成功的。而对于失败的计算机系统，无论使用了多么高深的技术，拥有多么漂亮的用户界面，也会因“还是手工作业更方便啊”这样的理由被客户拒绝，而变得无人问津。

下面就试着练习一下如何向客户提出一套应用了计算机的 IT 解决方案吧。假设有这样的客户，他们在靠手工作业的方式处理名片时，已经遇到了不可解决的困难。诸位打算提出什么样的解决方案呢？如果打算提议开发定制的计算机系统，比如“名片管理系统”，那么就请先等一等。对于客户来说，是需要考虑预算的，因此 SE 也不得不考虑金钱方面的事，不能提议超过客户预算、品质过剩的计算机系统。

在这个案例中，1 台个人计算机 +1 台打印机 + Windows + 市场上出售的通信录软件（贺年卡软件等）这样的一套计算机系统就足够了（如图 12.7 所示）。别看用的都是些市场上出售的产品，组成的计算机系统也一样能很出色，也能提供完美的 IT 解决方案。这样的话，引进计算机系统所需要的全部费用，就可以控制在 20 万日元（约合 1 万人民币）以内了。客户也会认为“要是 20 万以内的话，倒是可以引进试试”。

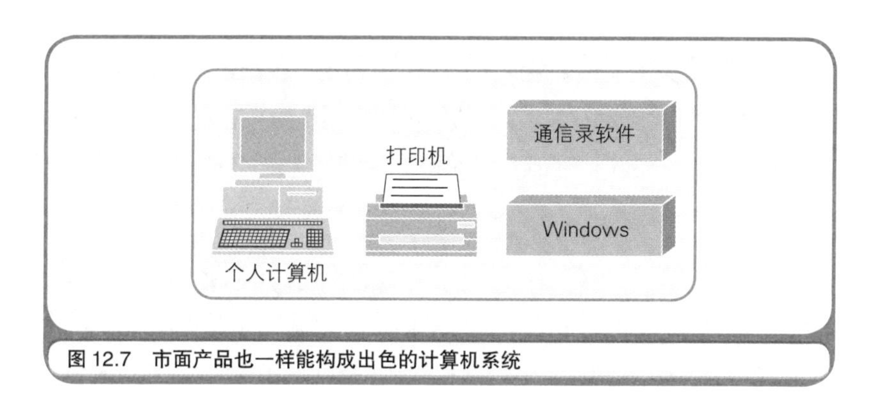

图 12.7　市面产品也一样能构成出色的计算机系统

引进了这套计算机系统后，如果其能为客户所用就算成功了。为此，还必须要考虑如何确保计算机系统在必要的时候一定是可用的。

在计算机系统中，故障是避免不了的。所以要事先预测可能发生什么样的故障，想出防患于未然的对策。对于客户来说，最重要的莫过于存储在个人计算机硬盘中的名片信息。这些信息可不像一般的商品，只要有 20 万日元就可以再买一套。为了即使硬盘出现了故障也不至于造成太大的损失，我们还要建议客户定期备份。

为了应对故障，就需要花钱来购买用于备份的 MO 驱动器和磁盘，这笔开销可以算作维护费。但是，很多客户会很反感引进计算机系统后所需要的维护费。这时 SE 就必须要让客户理解维护费的必要性，劝说客户时的要点是让他们了解信息的价值。“您的信息的价值，是这些维护费所不能替代的”——若能这样劝说客户的话，客户就应该能接受建议。

12.10 大幅提升设备利用率的多机备份

为上述的计算机系统添加了 MO 驱动器和磁盘就能充分满足客户的需求了吗？其实还是会有些不放心的。因为在该计算机系统中，个人计算机和打印机都只有 1 台，无论是哪一边出故障了，整个计算机系统就瘫痪了。构成计算机系统的每个要素只有一个状态，要么处于正常运转状态，要么是出现故障处于维修状态。其中，处于正常运转状态的比率叫作“设备利用率”。设备利用率可以用图 12.8 所示的公式简单地算出。

$$设备利用率=\frac{正常运转的时间}{正常运转的时间+出现故障处于维修状态的时间}$$

图 12.8 设备利用率的计算公式

请诸位先记住一个结论：将计算机系统的构成要素设成多机备份，可以出乎意料地大幅度提升设备利用率。现在我们来看看具体的示例。假设 1 台个人计算机的设备利用率是 90%，1 台打印机的设备利用率是 80%（对于真实的个人计算机或打印机，其设备利用率要比这高得多）。图 12.9 所示的计算机系统可以算作“串联系统”，用户输入的全部信息的 90% 会经过个人计算机到达打印机，接下来这 90% 的信息中又有 80% 会通过打印机顺利地打印出来。因此这套计算机系统整体的设备利用率就是 90% 之中的 80%，即 $0.9\times0.8=0.72=72\%$。

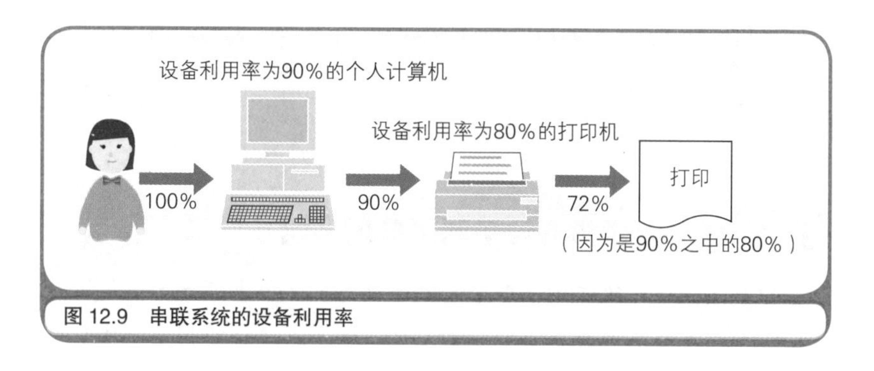

图 12.9 串联系统的设备利用率

接下来使用性能相同的个人计算机和打印机各 2 台，再试着搭建一个“并联系统”。如图 12.10 所示，这次无论是个人计算机还是打印机，2 台中间只要有 1 台还在工作，整个计算机系统就不会停止运转。因为个人计算机的设备利用率是 90%，所以相对的“故障率”就是 10%（$100\%-90\%=10\%$）。2 台个人计算机同时出现故障的概率就是 $10\%\times10\%=0.1\times0.1=0.01=1\%$。因此，把 2 台个人计算机当作一个设备考虑时，该设备的利用率就是 $100\%-1\%=99\%$。同样地，因为打印机的设备利用率是 80%，所以故障率是 20%（$100\%-80\%=20\%$）。2 台打印机同时出现故障的概率是 $20\%\times20\%=0.2\times0.2=0.04=4\%$。因此，把 2 台打印机当作一个设备考虑时，该设备的利用率就是 100% –

4%=96%。综上所述，可以把个人计算机和打印机各使用了 2 台的并联系统，看作是由设备利用率为 99% 的个人计算机和设备利用率为 96% 的打印机组成的串联系统，因此设备利用率就是 $0.99 \times 0.96 \approx 0.95 =$ 95%。

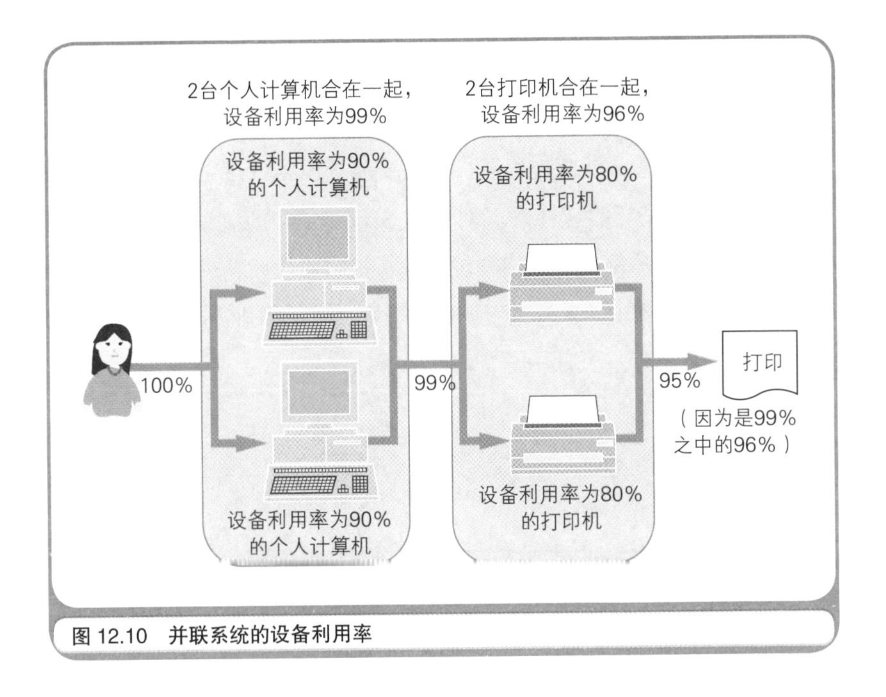

图 12.10　并联系统的设备利用率

个人计算机和打印机各 1 台时，设备利用率是 72%，一旦分别增至了 2 台，设备利用率就一下子飙升到了 95%。如果能出示这个数据，客户也还是能接受 20 万日元的 2 倍、即 40 万日元的费用吧。由此看来，身为 SE，在谈话时还必须能在技术上有理有据地说服对方。

☆　☆　☆

在计算机行业确实有“SE 的地位比程序员的高”这种说法。那么，所有计算机技术人员将来都必须以 SE 为目标吗？就连非常热爱编程，想当一辈子程序员也错了吗？笔者认为并不是这样的，想当一辈子程序员也很好。但问题是若要立志成为计算机行业的专家，就不能仅仅关注技术了。虽然又懂技术又懂计算机确实让人感到兴奋，但如果只是这样的话，早晚有一天工作就会变得没那么有意思了。有些人在30岁左右就会选择离开计算机行业，不是因为他们追赶不上技术前进的步伐，而是因为他们感到工作变得无聊了。专家也好普通人也罢，只有为社会做出了贡献才能有成就感，才会觉得工作有意义。可能有人会觉得“这么说来，即使是程序员，只要能意识到自己也是在为社会做贡献不就好了吗?”能这样想就对了！SE也好程序员也罢，所有和计算机相关的工程师都要有这样一种意识：我们要让计算机技术服务于社会。如果能有这样的决心，就应该能作为一生的事业和计算机愉快地相处下去了吧。

结束语

在本书写作之前，我还写过一本叫作《程序是怎样跑起来的》的书。该书被翻译成了韩文和中文，所以不仅是日本国内，在海外也有很多读者。此外，该书还被很多企业用作新员工培训的辅助读物，亦被大学用作研讨会的教材。在这里真的非常感谢诸位！

但是，作为作者，我在高兴之余也感到了深深的歉意。从诸位手中收到的读者来信中，有一位 70 岁左右的老先生这样写道："因为是热门图书所以买了一本，但内容太难了，理解不了。"为此我又一心一意地撰写了本书。在本书中，将从基础中的基础开始讲起，明确地指出知识的范围和目标，力求做到更加通俗易懂。诸位读过后感想如何呢？若诸位能通过读者来信将您的意见或感想告知我，我将感到不胜荣幸。

谢辞

正值本书发行之际，我要衷心感谢从策划阶段就开始关照我的日经 Software 的柳田俊彦主编、矢崎茂明记者、日经 BP 出版社的高畠知子，以及每一位工作人员。借此机会，我还要感谢那些在《日经 Software》连载《计算机并不难》时，为我指出讲解中的遗漏或错误，以及来信鼓励我的诸位读者。

版权声明

Z80微型计算机的线路图

（试着用红色铅笔描一下线路吧！）

1. 为了易于理解，有些引脚的名称略有改动，不同于厂商规格说明中的名称
2. 对于CPU、内存、I/O也可以使用兼容元件

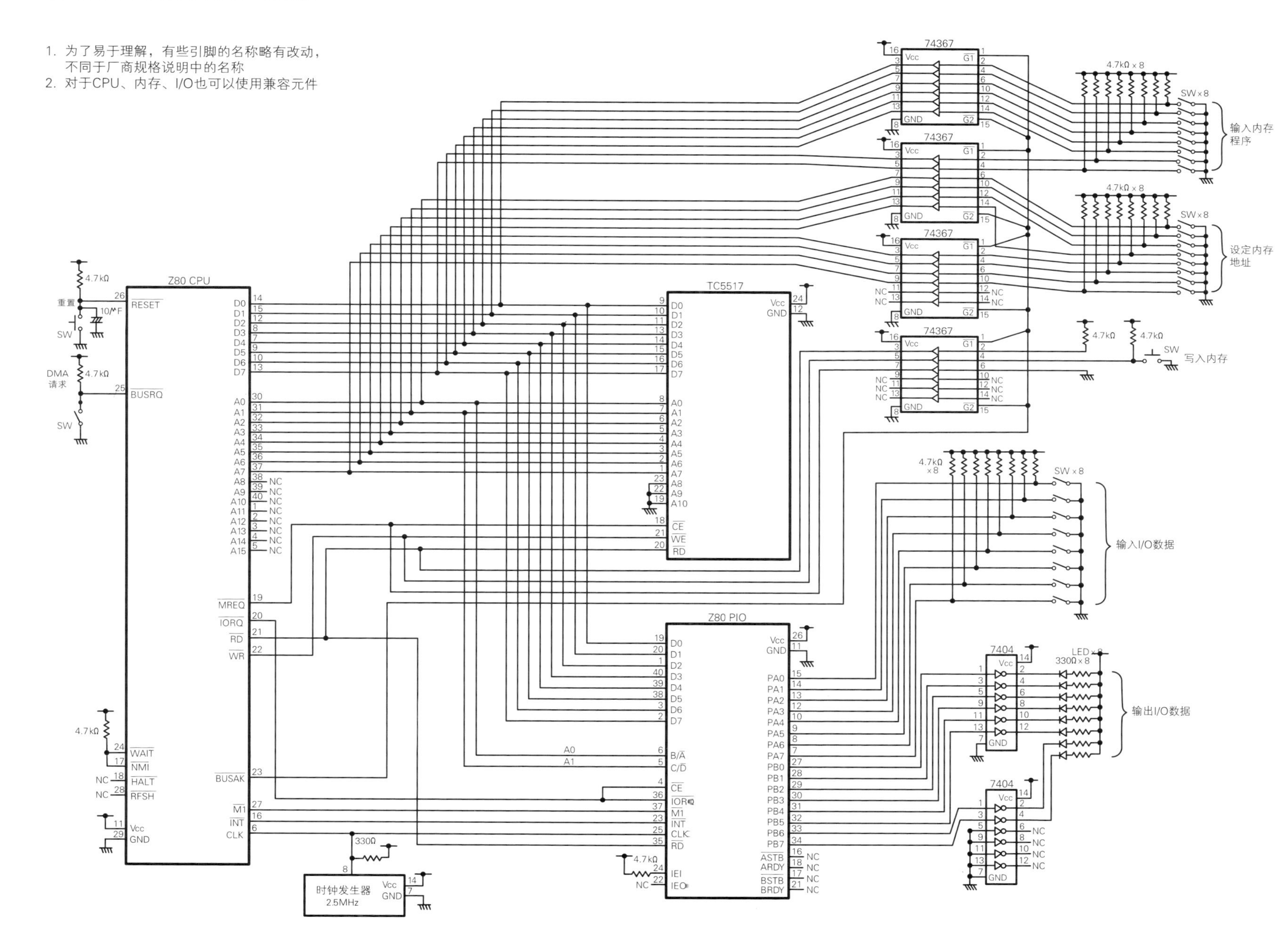

《计算机是怎样跑起来的》（矢泽久雄著，人民邮电出版社）